QUE SAIS-JE ?

# *L'énergie nucléaire*

PAUL REUSS
Ingénieur au Commissariat à l'Energie atomique
Professeur
à l'Institut national des Sciences et Techniques nucléaires
et à l'Ecole nationale supérieure de Techniques avancées



A Massimo Salva
très amicalement,

23/2/94

DU MÊME AUTEUR

*Traité de neutronique,* Hermann, 1978 et 1985, en collaboration avec Jean Bussac.

*Eléments de physique nucléaire à l'usage du neutronicien,* Institut national des Sciences et Techniques nucléaires, 1981 et 1987.

*Eléments de neutronique,* Institut national des Sciences et Techniques nucléaires, 1986.

*Clefs pour la neutronique des réacteurs à eau sous pression,* Institut national des Sciences et Techniques nucléaires, 1990.

ISBN 2 13 046105 0

Dépôt légal — 1re édition : 1994, mars


108, boulevard Saint-Germain, 75006 Paris

# AVANT-PROPOS

Une présentation accessible à un large public des problèmes de l'énergie nucléaire fut mon objectif. Evitant les détails qui n'auraient intéressé que le spécialiste, j'ai voulu apporter les éléments permettant à chacun de se forger une opinion correcte sur les avantages et les inconvénients de cette source d'énergie.

Les deux premiers chapitres, situant le contexte des besoins en énergie et présentant une centrale nucléaire, introduiront le sujet. Les chapitres III à VI apporteront les rudiments de physique nécessaires pour comprendre comment fonctionne un réacteur et ce qu'est la radioactivité. Les problèmes industriels seront ensuite abordés aux chapitres VII et VIII. En conclusion, une analyse des spécificités de cette source d'énergie fera l'objet du chapitre IX.

Jean Teillac, haut-commissaire à l'énergie atomique, et Yves Chelet, directeur de l'INSTN, m'ont encouragé à rédiger ce texte. Il doit beaucoup aux quelques centaines d'étudiants que j'ai initiés à la neutronique car, ensemble, nous avons tenté d'extraire de sa gangue l'essentiel de la physique des réacteurs. Le regard critique porté sur mon manuscrit par quelques personnes de mon entourage, en particulier Jean-Paul Schapira, aura aussi permis de débusquer quelques points obscurs.

Je dédie ce livre à mon épouse Geneviève et à nos fils Didier et Rémi qui m'ont lancé ce défi : parler d'énergie nucléaire en dehors du cercle des spécialistes !

Chapitre I

# L'ÉNERGIE

Si nous regardons autour de nous, nous voyons la matière : *la matière est la substance de tout ce qui nous entoure,* la terre et les étoiles, les arbres, les maisons, les objets familiers..., et nous-mêmes.

Cette matière n'est pas inerte : les étoiles brillent et le soleil nous envoie sa chaleur, le vent souffle dans les arbres, les aliments cuisent dans la cocotte, les animaux et nous-mêmes, nous nous déplaçons. C'est *l'énergie qui anime et transforme la matière.*

L'homme a besoin d'énergie, en premier lieu pour lui-même — c'est pour cela qu'il mange —, ensuite, et en bien plus grande quantité, dans toutes ses activités.

Par exemple, la flamme de la cuisinière, c'est de l'énergie qui permet de faire cuire les aliments qui, eux-mêmes, contiennent de l'énergie que notre corps utilisera pour vivre. Quand on branche l'aspirateur, on capte l'énergie électrique amenée par les fils et qui fait fonctionner l'appareil. Le plein à la station-service fournit une réserve d'énergie qui, brûlée dans le moteur, permettra de propulser le véhicule.

Sans cesse, sans même y prêter attention tant cela nous est naturel, nous consommons de l'énergie ; l'industrie, par exemple les aciéries, qui fabrique tous les objets dont nous nous servons en a aussi besoin de grandes quantités.

Voici les chiffres de la consommation pour la France (tableau ci-dessous) : ce que chacun d'entre nous consomme en moyenne (4,5 kW) équivaut à soixante « serviteurs » en permanence à sa disposition ! (Le travail musculaire d'un homme fait environ 75 W.)

| Utilisation | Mtep | % |
|---|---|---|
| Industrie | 54,0 | 28,8 |
| Agriculture | 3,5 | 1,9 |
| Résidentiel et tertiaire | 82,2 | 43,9 |
| Transports | 47,6 | 25,4 |
| Total | 187,3 | 100 |

Consommation d'énergie (par secteurs) en France en 1992 (Mtep est l'abréviation de « million de tonnes d'équivalent pétrole » ; l'énergie que l'on peut extraire d'une tonne de pétrole (tep) correspond à 11 600 kWh ; 1 kWh est l'énergie consommée pendant une heure par une machine de 1 kW, soit 3 600 000 joules).

Les quelques exemples que nous avons évoqués montrent qu'il y a *différentes formes d'énergie.* Parce que nous savons transformer une forme d'énergie en une autre, nous disons qu'il s'agit d'une même « substance », mais présentant plusieurs aspects.

Parfois, nous pouvons dire que l'énergie est « visible », ou presque : nous parlerons alors d'*énergie libre.* C'est le cas du *rayonnement* (la lumière), de la *chaleur,* de l'*énergie cinétique* (le mouvement) et de l'*électricité.* Cette dernière forme d'énergie libre est particulièrement pratique, pour deux raisons : la première est qu'elle est facile à transporter, puisqu'il suffit de tendre deux fils métalliques ; la seconde raison est qu'on sait aisément transformer l'électricité en une autre forme d'énergie.

Dans d'autres cas, au contraire, l'énergie est « cachée », et nous parlerons alors d'*énergie stockée.* On peut distinguer deux modes de stockage :

Pour saisir ce qu'est l'*énergie potentielle,* il suffit d'imaginer un rocher placé au sommet d'une montagne ; lâchons ce rocher pour le laisser dévaler la pente ; son énergie potentielle sera libérée sous forme de mouvement (énergie cinétique).

Pour l'autre type de stockage, l'énergie est emmagasinée au sein même de la matière, sous forme d'*énergie chimique* ou sous forme d'*énergie nucléaire*. Par exemple, de l'énergie est emmagasinée par les produits placés dans une pile électrique ; quand on ferme le circuit, elle est libérée pour faire fonctionner un appareil. De même l'essence contient de l'énergie transformée en chaleur dans les chambres de combustion d'un moteur, puis en mouvement par les pistons et les bielles.

Les physiciens ont découvert au XX$^{e}$ siècle que dans l'uranium était stockée une très grande quantité d'énergie *nucléaire,* et ont réfléchi aux moyens de l'extraire : les réacteurs nucléaires sont les machines qui réalisent cette opération.

Les transformations d'une forme d'énergie en une autre sont de deux types :

- soit la *libération d'énergie stockée* ou, inversement, le *stockage d'énergie libre* ;
- soit le *passage d'une forme à une autre d'énergie libre.*

Le schéma ci-dessous récapitule les transformations d'énergie libre que nous savons faire. Toutes les combinaisons y apparaissent sauf la transformation directe de rayonnement en mouvement et *vice versa.*

Il est important de souligner que dans toute transformation il y a des *pertes sous forme de chaleur.* Par exemple, dans une ampoule, une partie de l'électricité

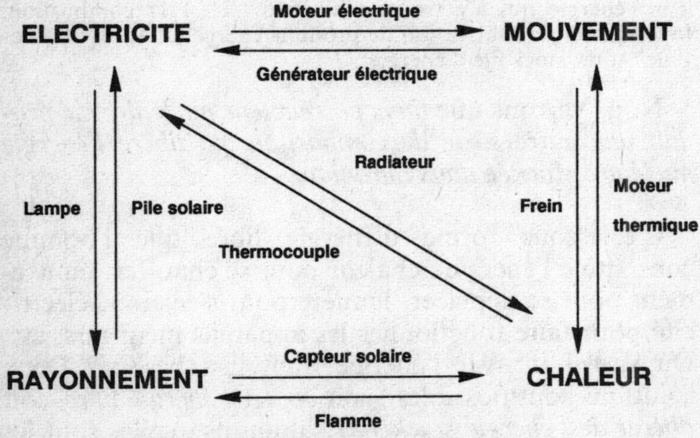


Les transformations des formes d'énergie libre.

est transformée en lumière et l'autre en chaleur. De même, chacun aura remarqué qu'un moteur électrique ou à essence finit par chauffer et qu'un effort musculaire permet de se réchauffer quand on grelotte.

Il faut aussi retenir que l'*on ne peut pas transformer intégralement la chaleur* dont on dispose en une autre forme d'énergie libre, notamment en mouvement. La raison en est que l'on ne peut exploiter qu'une *différence* de températures entre une « source chaude » et une « source froide ».

Ces deux remarques se résument en disant que *la chaleur est la forme la plus dégradée d'énergie libre.*

Nous savons aussi réaliser un certain nombre de transformations pour passer d'une énergie stockée à une énergie libre, et inversement. En voici quelques exemples :

— L'usine hydroélectrique transforme l'énergie potentielle de l'eau retenue derrière le barrage en électricité. Inversement, si l'on pompe de l'eau d'un lac à basse altitude vers une retenue plus élevée, on stocke de l'énergie.

— En chargeant une batterie d'accumulateurs, on stocke sous forme chimique de l'énergie électrique qui sera à nouveau libérée lors de la décharge.

— Quand on brûle de l'essence, on libère sous forme de chaleur l'énergie qui s'y trouvait stockée : c'est la combustion. Inversement, la fabrication de produits énergétiques tel l'hydrogène est un stockage d'énergie.

Nous verrons que *dans un réacteur nucléaire, se produit une autre sorte de combustion qui libère l'énergie nucléaire stockée dans l'uranium.*

C'est sous forme d'énergie libre que l'homme consomme l'énergie : chaleur pour se chauffer, mouvement pour se déplacer, lumière pour s'éclairer, électricité pour faire fonctionner les appareils ménagers, etc. Où va-t-il trouver l'énergie dont il a besoin ? Deux solutions sont possibles : soit *capter l'énergie libre,* soit *libérer de l'énergie stockée.* Examinons quelles sont les sources dont on dispose.

La plus grosse partie de l'énergie utilisée aujourd'hui par l'homme vient de l'*exploitation des stocks* que la nature a constitués. Exploiter un stock est, en effet, une solution *a priori* facile, puisqu'il suffit de faire l'effort de le récupérer. L'inconvénient est qu'un stock s'épuise et, quand on aura tout prélevé, il faudra nécessairement trouver autre chose...

Les *sources d'énergie stockée sous forme chimique,* au sein de la matière, sont le pétrole, le gaz naturel, le charbon, le bois (pour ce dernier, le stock est restreint mais la nature le renouvelle).

Le *pétrole* et le *gaz naturel* imprègnent des terrains poreux formant des poches, généralement situées à quelques centaines ou milliers de mètres sous la surface de la terre. Les gisements les plus accessibles (par exemple au Moyen-Orient, aux Etats-Unis...) ont évidemment été exploités en premier. On se tourne maintenant vers ceux qui sont plus difficiles à atteindre, sous la mer et dans des régions inhospitalières. Néanmoins, au rythme actuel, les experts pensent que ce stock commencera à s'épuiser dans quelques dizaines d'années.

Le *charbon* se présente sous forme de couches de quelques centimètres à quelques dizaines de centimètres d'épaisseur ; l'exploitation se fait en déblayant les terrains stériles superficiels ou en creusant des galeries. Même avec les machines modernes, c'est un travail difficile et pénible, et qui le sera toujours plus car, là aussi, les gisements les plus faciles à exploiter l'ont été en premier. C'est cette raison qui a amené à étudier des procédés de gazéification sous terre qui permettraient une extraction par puits comme pour le gaz naturel. Les réserves de charbon sont importantes et pourront constituer une source d'énergie pendant encore quelques siècles, surtout si on améliore ainsi les procédés d'exploitation.

Le dernier stock important à notre disposition est le stock d'*énergie nucléaire* sous forme d'*uranium.* Avec les techniques actuelles et au rythme projeté du développement des réacteurs nucléaires, le stock connu d'uranium s'épuisera d'ici environ un demi-siècle ; mais une nouvelle technique, celle des réacteurs surgénérateurs, permettrait de repousser très loin cette limite ; il est également possible que le *thorium,* métal lourd comme l'uranium, soit aussi utilisé. (Pour le long terme, une *autre* forme d'énergie nucléaire utilisant le *deutérium,* une variété d'hydrogène, constituera peut-être une source presque inépuisable).

L'énergie nucléaire peut être considérée comme une énergie nouvelle. En effet, le processus de *fission* qui permet de la libérer a été découvert il y a un demi-siècle, quelques mois avant que les hostilités de la deuxième guerre mondiale n'éclatent. Ces circonstances ont fait que cette découverte fut d'abord exploitée par les militaires : la bombe atomique, sous la même taille qu'une grosse bombe classique, avait une puissance incommensurablement plus grande, comme l'ont montré, en 1945, l'explosion expérimentale d'Alamogordo puis les destructions d'Hiroshima et de Nagasaki.

La paix revenue, les principaux pays industriels ont cherché à tirer parti, pour des utilisations pacifiques, de l'énorme quantité d'énergie concentrée au coeur de l'uranium. Les premiers prototypes de réacteurs nucléaires ont commencé à produire de l'électricité il y a une quarantaine d'années ; en 1975, on a commencé à parler de la « maturité de l'énergie nucléaire ». Aujourd'hui, la France dispose d'une cinquantaine de réacteurs fournissant les trois quarts de notre électricité (premier rang mondial pour cette proportion).

Pour maîtriser l'utilisation de ce stock d'énergie, les ingénieurs ont dû résoudre de difficiles problèmes technologiques. Celui qui est le plus connu — mais non le seul — est lié à la *radioactivité.* Ce phénomène fut découvert à la fin du XIXe siècle ; il a fallu de nombreuses années, et des accidents, pour comprendre que les éléments radioactifs émettaient des rayonnements dangereux pour notre organisme, mais que nos cinq sens sont incapables de déceler.

Aujourd'hui, ce risque est connu et l'on sait « gérer » les produits radioactifs provenant des activités nucléaires : des appareils précis et fiables peuvent détecter les plus infimes rayonnements et des règles très strictes ont été édictées.

L'autre possibilité qu'a l'homme pour se procurer de l'énergie consiste à *capter l'énergie libre* qu'il a en quelque sorte « sous la main » dans ses formes de chaleur, de mouvement et de rayonnement (mais pas d'électricité).

Le mouvement le plus facile à capter est celui des torrents et des fleuves qui dévalent des montagnes. Il est transformé aisément en électricité par l'intermédiaire d'une turbine (un moulin perfectionné) actionnée par la chute d'eau et couplée à un alternateur (générateur d'électricité). Avec un barrage, cette énergie peut aussi être stockée provisoirement, sous forme d'énergie potentielle. En France, à peu près tous les sites intéressants pour cette *hydroélectricité* ont été équipés.

Les autres mouvements que l'on peut tenter de capter sont ceux du *vent,* des *marées,* voire des *vagues.* Si elles ne doivent pas être négligées, ces possibilités ne seront jamais des sources d'énergie très importantes.

Les profondeurs de la terre sont très chaudes : les volcans en témoignent. En injectant de l'eau à grande profondeur et en la récupérant, réchauffée, cette source *géothermique* peut être utilisée pour le chauffage urbain, voire pour produire de l'électricité.

Dans les régions équatoriales et tropicales, la mer est nettement plus froide en profondeur qu'à la surface. Des ingénieurs ont proposé de produire de l'électricité en utilisant cette différence de températures ou *gradient thermique des mers.*

Une source d'énergie libre dont on parle beaucoup est l'*énergie solaire.* Cette source, séduisante, car extrêmement abondante, est malheureusement d'une part très *dispersée,* puisque distribuée sur toute la surface de la terre, d'autre part *intermittente,* puisque moins intense les jours où le soleil est voilé par les nuages et absente la nuit.

L'utilisation la plus immédiate de l'énergie solaire est le chauffage d'habitations et la production domestique d'eau chaude grâce à des capteurs placés sur les toits. On sait aussi transformer directement ce rayonnement en électricité mais cela n'est envisageable, du moins actuellement, que pour de petites installations. Par exemple, la plupart des satellites envoyés dans l'espace sont alimentés en énergie grâce à des panneaux de cellules solaires fournissant l'électricité à bord.

Les plantes sont capables de capter l'énergie solaire grâce à la chlorophylle de leurs feuilles : c'est ainsi qu'elles poussent et qu'elles permettent la vie sur terre. Quand nous nous alimentons, nous utilisons cette énergie stockée ; nous pouvons aussi l'utiliser dans nos activités, par exemple en brûlant les matières végétales. Cette *biomasse* — une source d'énergie que l'homme a utilisée bien avant de lui avoir donné ce nom ! — sera certainement amenée à se développer.

Remarquons en passant que, confinés sous terre pendant des centaines de millions d'années, les débris végétaux finissent par se transformer en pétrole, gaz ou charbon : c'est là l'origine de ces stocks. Bien évidemment nous les détruisons beaucoup plus rapidement que la nature ne les reconstitue.

Voilà ce dont nous disposons. Le tableau ci-dessous permet de se faire une idée de l'importance respective des diverses sources d'énergie pour couvrir les besoins de notre pays. La ligne « bois et énergies nouvelles » regroupe les sources que nous avons évoquées et qui sont actuellement peu exploitées.

| Source d'énergie | Mtep | % |
|---|---|---|
| Charbon | 18,1 | 7,7 |
| Pétrole | 92,0 | 39,3 |
| Gaz naturel | 28,4 | 12,1 |
| Electricité hydraulique | 16,4 | 7,0 |
| Electricité nucléaire | 75,1 | 32,1 |
| Bois et énergies nouvelles | 4,2 | 1,8 |
| Total | 234,2 | 100 |

Consommation d'énergie (par sources) en France en 1992 (Mtep : voir le tableau de la p. 5 ; la différence sur le total correspond aux pertes, aux autres usages et aux exportations d'électricité).

Si l'on compare ces chiffres avec ceux des années précédentes, on constate que la mise en place du programme nucléaire a entraîné une baisse importante de la source « pétrole ». Les difficultés d'exploiter à grande échelle les « énergies nouvelles » font que ce poste n'augmente que faiblement au fil des ans. Cette comparaison montre aussi que la consommation d'énergie n'a pas suivi l'augmentation générale de l'activité économique : la prise de conscience des ressources limitées de notre planète et les « crises » du pétrole ont conduit à une nouvelle « source » qui est loin d'être négligeable, celle des *économies* d'énergie obtenues par une meilleure utilisation (amélioration des rendements).

Chapitre II

## DANS UNE CENTRALE NUCLÉAIRE

Il est très facile de faire brûler de l'essence : si l'on approche une allumette, une flamme jaillit (l'expérience peut même être dangereuse !). Enflammer du charbon est un peu plus délicat mais avec un peu de persévérance on y parvient. C'est dire que déstocker l'énergie chimique est aisé ; l'homme préhistorique savait déjà le faire. Grâce à la combustion, cette énergie est libérée sous forme de chaleur (et un peu de rayonnement).

Libérer l'énergie nucléaire que contient l'uranium se fait aussi par une combustion, mais une combustion d'une autre nature. Ce n'est que durant les premières décennies du XX^e^ siècle que les physiciens ont découvert l'existence de cette énergie cachée au cœur des atomes de la nature. Et ce n'est qu'en 1942 que la première combustion nucléaire a été obtenue par Enrico Fermi à Chicago (voir chap. VII). Depuis cette date les progrès ont été rapides : la combustion nucléaire est devenue, notamment en France, une source importante d'énergie parmi d'autres plus classiques.

Comme la combustion chimique, *la combustion nucléaire libère l'énergie sous forme de chaleur*. Cette combustion se fait dans un *réacteur nucléaire*. Généralement cette chaleur est transformée en électricité par d'autres machines placées près du réacteur. L'ensemble — le réacteur et ces autres organes — est appelé *cen-*

*trale nucléaire.* (Electricité de France place souvent plusieurs réacteurs sur un même site et parle alors de *tranches* de la centrale nucléaire.)

Pour comprendre ce qu'est la combustion nucléaire, nous entreprendrons au chapitre suivant une description du monde à l'échelle microscopique des atomes. Commençons d'abord par une « visite » d'une centrale nucléaire. Il existe plusieurs types de réacteurs (ils seront présentés au chapitre VII) ; nous choisirons une centrale de type *réacteur à eau sous pression* (REP), dont la France s'est équipée à plus de cinquante exemplaires, dans les deux variantes respectivement de 900 et de 1 300 à 1 450 mégawatts électriques (MWe). Pour fixer les idées, 1 000 MWe est l'ordre de grandeur de la puissance nécessaire pour alimenter en électricité une grande ville telle que Lyon ou Marseille. Les chiffres donnés ci-dessous sont relatifs à une centrale de 900 MWe.

Une centrale s'organise autour du *réacteur, ou cœur nucléaire.* C'est là que se produit la combustion, et c'est pourquoi on l'appelle aussi *chaudière nucléaire.*

On ne peut plus y pénétrer une fois que la combustion a démarré, car cette réaction a produit des éléments radioactifs, d'où des rayonnements dangereux pour l'organisme humain.

Le cœur est placé dans une *cuve* en acier, une gigantesque « cocotte minute » de 4 m de diamètre et 12 m de hauteur, dont les parois ont une vingtaine de centimètres d'épaisseur. Cette cuve de 260 t doit résister à la pression élevée qui y règne, 155 bars, c'est-à-dire 155 fois la pression atmosphérique moyenne.

Le cœur placé dans la cuve est formé d'*assemblages de combustible* contenant l'uranium : pour l'exemple choisi, il y a 157 assemblages. Chacun a la forme d'un prisme de section carrée (environ 20 cm sur 20 cm) et de près de 4 m de hauteur (voir les schémas ci-dessous).

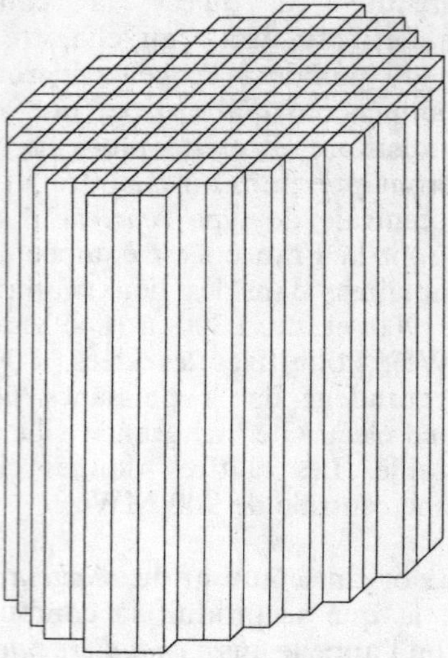

**La disposition des 157 assemblages dans le cœur.**

Il est constitué de 289 tubes de zircaloy (alliage à base de zirconium, un métal souvent utilisé dans l'industrie nucléaire), assemblés en faisceau. Chaque tube, d'un diamètre de l'ordre du centimètre, fait toute la hauteur de l'assemblage. 264 tubes, appelés *crayons de combustible,* contiennent l'uranium sous forme d'oxyde : on y a empilé des *pastilles* d'oxyde d'une extrémité à l'autre, avant de les fermer hermétiquement par soudure. Les 25 autres tubes sont vides : ces tubes guides servent à insérer les mécanismes de régulation de la combustion nucléaire et l'instrumentation de contrôle.

La constitution d'un assemblage de combustible.

La chaleur de la combustion nucléaire est dégagée au sein de l'oxyde d'uranium et va se propager jusqu'à la surface des tubes. De là, elle va être emmenée vers l'extérieur du cœur par un rapide courant d'eau circulant entre les tubes et jouant le rôle de *caloporteur* (porteur de chaleur). L'eau entre en partie basse du cœur à 280 °C environ et en ressort en partie haute à peu près à 320 °C. On ne veut pas que cette eau circulant entre les tubes et s'échauffant lors de son passage dans le cœur se mette à bouillir : c'est pourquoi on la maintient sous cette pression de 155 bars. C'est cette caractéristique qui a donné son nom aux réacteurs de ce type, *réacteurs à eau sous pression.*

Pour certaines applications, cette chaleur pourrait être directement utilisée : c'est ainsi qu'il existe des réacteurs cédant la chaleur produite au circuit d'eau d'un chauffage urbain. Généralement, la chaleur est, comme pour notre exemple, convertie en électricité.

Pour cela, de grosses canalisations emportent l'eau sortant du cœur vers des *échangeurs de chaleur* appelés *générateurs de vapeur*. Pour le réacteur que nous visitons, il y en a trois : c'est un système à trois *boucles*. Les centrales de 1 300 et 1 450 MWe sont des systèmes à quatre boucles.

Un générateur de vapeur est un organe assez impressionnant : d'un diamètre de 5 m et d'une hauteur de 22 m, il pèse plus de 400 t !

L'eau qui traverse le cœur puis les générateurs de vapeur est renvoyée dans le cœur, grâce à des *pompes* : c'est le *circuit primaire*. Dans les générateurs de vapeur cette eau cède sa chaleur à l'eau d'un deuxième circuit fermé, le *circuit secondaire*.

L'échange de chaleur entre les circuits primaire et secondaire se fait à travers les parois de milliers de tubes : l'eau du circuit primaire circule à l'intérieur de ces tubes, et celle du circuit secondaire entre les tubes. Cette dernière s'échauffe et, contrairement à ce qui se passe dans le cœur, elle est portée à ébullition : entrant par le bas sous forme liquide, elle se vaporise au contact des tubes et sort en haut sous forme de vapeur, c'est-à-dire de gaz.

Cette vapeur est elle-même sous une pression élevée, 60 bars. Des canalisations vont rassembler la vapeur issue des trois générateurs de vapeur pour l'envoyer vers une série de *turbines*.

Une turbine se présente comme un cylindre sur lequel on a fixé un grand nombre d'*aubes*. La vapeur sous pression « se précipitant » sur ces aubes va faire tourner la turbine.

Pour utiliser au mieux l'énergie de la vapeur, on l'envoie successivement dans plusieurs turbines placées sur un même *arbre* (axe de rotation) : d'abord une turbine dite « haute pression », puis trois turbines dites « basse pression ».

Après son passage dans les turbines, la vapeur du circuit secondaire est condensée à nouveau sous forme d'eau liquide avant d'être renvoyée aux générateurs de vapeur. Le *condenseur* qui assure ce rôle est aussi un échangeur de chaleur. Pour condenser la vapeur, il faut, en effet, la refroidir. Dans le condenseur, la vapeur cède sa chaleur résiduelle à un *troisième circuit d'eau*. Cette dernière vient soit d'une rivière ou de la mer, soit de tours de refroidissement, immenses cheminées où l'eau du troisième circuit est elle-même refroidie par un courant d'air ascendant.

Noter qu'il s'agit là d'un gaspillage, car cette partie de l'énergie fournie par la combustion nucléaire ne servira qu'à réchauffer en pure perte une rivière, la mer ou l'atmosphère. Mais ce gaspillage résulte des lois de la physique : nous avions vu que toute transformation de chaleur en une autre forme d'énergie libre ne peut être que partielle. Dans une centrale nucléaire, quand on la convertit en électricité, on en perd... les deux tiers.

Cependant, on peut rechercher une utilisation à cette chaleur résiduelle, par exemple pour tiédir des serres de maraîchers : ces applications sont limitées car cette chaleur est à basse température.

Mais revenons aux turbines placées les unes à la suite des autres sur un même arbre. En bout d'arbre se trouve le dernier organe de la transformation d'énergie : l'*alternateur* convertit en électricité le mouvement de rotation engendré par les turbines.

Le schéma ci-dessous récapitule ce que nous venons de décrire. Y figurent également les *pompes* qui assurent la recirculation de l'eau des circuits et le *pressuriseur* qui est l'organe assurant le maintien d'une haute pression dans le circuit primaire de refroidissement du cœur. Il faut préciser qu'il est très simplifié : de nombreux autres organes et circuits sont nécessaires pour assurer la bonne marche de l'installation et sa sécurité.

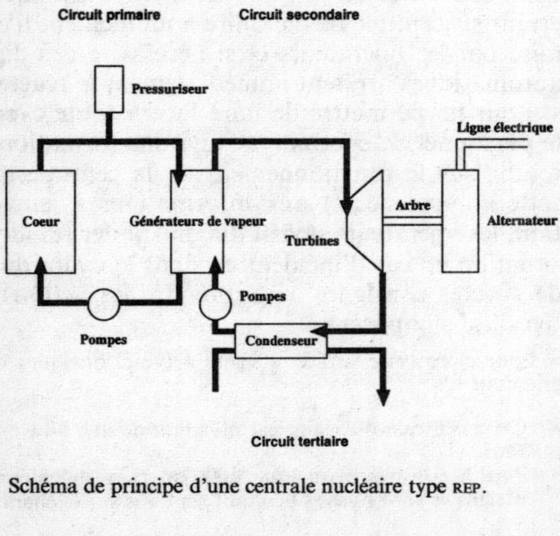


Schéma de principe d'une centrale nucléaire type REP.

La coupe schématique du réacteur permet de se faire une idée de la façon dont les différents organes sont agencés en pratique. Et l'on peut aussi profiter des visites de ses centrales qu'organise Electricité de France : il faut voir de ses propres yeux pour réaliser complètement ce que des schémas et quelques commentaires ne peuvent que suggérer.

Le *pilotage* de la centrale est assurée par une équipe de spécialistes travaillant dans la *salle de commande.* Des panneaux et écrans d'ordinateurs y reproduisent les schémas des circuits et l'état des divers organes, permettant aux opérateurs de vérifier que tout est normal. L'ensemble des moyens de commande de la centrale est également regroupé dans cette salle.

Pour cette surveillance et ces commandes, l'équipe est aidée par des ordinateurs qui fournissent toutes les informations utiles pour lui permettre de prendre les décisions. L'électronique contrôle aussi qu'aucune erreur susceptible de conduire à un incident n'est commise par les opérateurs et si nécessaire des dispositifs automatiques arrêtent immédiatement le réacteur.

Pour lui permettre de faire face à toute éventualité, le personnel de conduite a suivi une formation approfondie sur le fonctionnement de la centrale. Grâce à cette compétence et aux informations à leur disposition, les opérateurs savent diagnostiquer rapidement la situation en cas d'incident et, dans le cadre du respect de strictes consignes, entreprendre les actions correctives qui s'imposent.

Pour clore cette rapide « visite », voici quelques ordres de grandeur :

- Cette centrale nucléaire est plus grande que Notre-Dame de Paris.
- Pour la construire, quelque 3 000 ouvriers, ingénieurs et techniciens se sont relayés pendant sept ans sur le chantier.

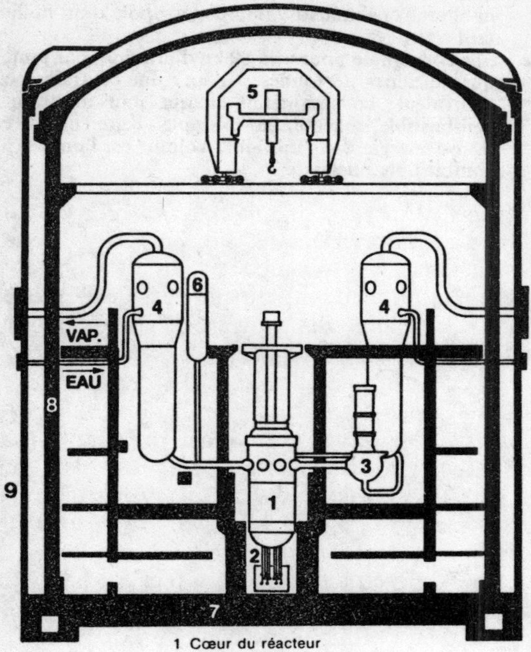


1 Cœur du réacteur
2 Instrumentation du cœur
3 Pompe primaire
4 Générateurs de vapeur
5 Pont polaire
6 Pressuriseur
7 Radier
8 Enceinte interne } Enceinte de confinement
9 Enceinte externe }

Source : EDF

Coupe schématique du bâtiment réacteur d'une centrale nucléaire type REP.

- Elle aura coûté l'équivalent d'environ 100 000 voitures de moyenne cylindrée (R19, Xantia...).
- Une fois en fonctionnement, elle alimente en électricité les habitants et l'industrie d'une métropole d'un million d'habitants.
- Elle consomme pour cela 80 kg d'uranium par jour, soit quelques dizaines de tonnes par an ; une centrale « classique » équivalente consommerait chaque jour un train entier de combustible, charbon par exemple : cette énorme concentration d'énergie dans un faible volume est l'un des intérêts du combustible nucléaire.

Chapitre III

## AU MONDE DES ATOMES

Nous avons vu que la combustion nucléaire s'opérait dans le cœur du réacteur, mais nous n'avons pas encore expliqué en détail ce qu'il s'y passait. La combustion nucléaire implique les noyaux des atomes — grains élémentaires de la matière —, plus précisément ceux de l'uranium. Il est donc nécessaire qu'au préalable, nous examinions comment la matière est organisée au niveau microscopique : c'est l'objet de ce chapitre.

Au gré de l'imagination de l'enfant qui s'en sert, une variété infinie d'objets peut être réalisée avec les briques d'une boîte de construction. Ces briques ont été conçues de façon à pouvoir s'emboîter solidement les unes dans les autres.

L'homme a fait preuve très tôt de curiosité au sujet du monde qui l'entoure. Par exemple, les philosophes de la Grèce antique réfléchissaient sur ce problème : *comment est constituée la matière ?* Certains, tel Démocrite (v. 460-370 av. J.-C.), concevaient déjà une structure analogue à celle des objets faits avec la boîte de construction. Mais ce n'est qu'aux XIXe et surtout XXe siècles que les physiciens ont disposé d'appareillages suffisamment précis pour aboutir à une réponse correcte à ces investigations : ils ont découvert que la matière était effectivement constituée de briques juxtaposées et comment étaient faites ces briques.

Ces briques sont appelées *molécules.* C'est ainsi que l'eau est constituée de molécules d'eau ; l'air d'un mélange de molécules d'azote, d'oxygène et de quelques autres en moindre proportion ; et ainsi de suite.

Avant même que cela ne soit compris dans le détail, les chimistes savaient qu'ils pouvaient transformer les corps qu'ils manipulent. Par exemple, l'eau peut être transformée en un mélange d'hydrogène et d'oxygène — et inversement, on peut fabriquer de l'eau à partir d'hydrogène et d'oxygène. C'était la preuve que les molécules ne sont pas les briques élémentaires de la matière puisqu'elles peuvent changer de nature (au contraire des briques de la boîte de construction).

En effet, les molécules qui constituent la matière — et il y en a des milliers de sortes différentes — sont chacune des édifices de briques plus élémentaires appelées *atomes.* C'est ainsi que la molécule d'eau est constituée de deux atomes d'hydrogène et d'un atome d'oxygène ; une molécule d'hydrogène de deux atomes

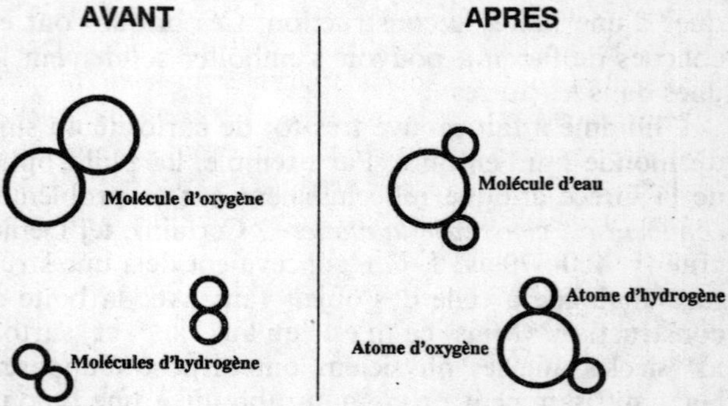


Exemple de recombinaison d'atomes : la réaction « hydrogène plus oxygène donne eau » notée par les chimistes :

$$2\ H_2 + O_2 \rightarrow 2\ H_2O.$$

d'hydrogène ; une molécule d'oxygène de deux atomes d'oxygène. (Attention ! ne pas confondre *molécule* d'hydrogène et *atome* d'hydrogène ; de même pour l'oxygène.) Par conséquent, en combinant autrement les atomes, on peut faire, à partir de deux molécules d'eau, deux molécules d'hydrogène et une molécule d'oxygène — et *vice versa.* Toutes les opérations de la *chimie* sont similaires : ce sont des recombinaisons d'atomes constituant les molécules.

Les chimistes avaient découvert que tous les corps de la nature pouvaient être réalisés à partir de *92 éléments* que D. I. Mendeleïev avait classés, en 1869, selon un tableau devenu désormais classique (voir page ci-contre).

Les physiciens du XX$^{e}$ siècle savent maintenant que cela correspond au fait qu'il y a dans la nature *92 sortes d'atomes.* Autrement dit, la « boîte de construction » de la matière contient 92 sortes de briques.

Ces atomes peuvent s'accrocher les uns aux autres selon des règles très précises que les chimistes ont mises en évidence, analogues aux règles que doit respecter l'enfant pour assembler les diverses briques de sa boîte de jeu. Les édifices d'atomes que sont les molécules sont parfois simples, comme la molécule d'eau, parfois très complexes. Les molécules de la matière vivante, notamment, par exemple l'ADN qui transmet les caractères héréditaires, peuvent être des assemblages de milliers, dizaines de milliers, voire centaines de milliers d'atomes.

Certaines sortes d'atomes sont très abondantes, donc très souvent utilisées dans l'édification des molécules, telles la première (l'hydrogène), la sixième (le carbone), la huitième (l'oxygène), etc. ; d'autres sont rares, comme la quarante-sixième (le palladium). La dernière sorte d'atome, donc la quatre-vingt-douzième, est l'uranium qui va plus particulièrement nous intéresser.

| | | | | | | | | | | | | | | | | | |
|---|---|---|---|---|---|---|---|---|---|---|---|---|---|---|---|---|---|
| 1 **H** Hydrogène | | | | | | | | | | | | | | | | | 2 **He** Hélium |
| 2 **Li** Lithium | 4 **Be** Béryllium | | | | | | | | | | | 5 **B** Bore | 6 **C** Carbone | 7 **N** Azote | 8 **O** Oxygène | 9 **F** Fluor | 10 **Ne** Néon |
| 11 **Na** Sodium | 12 **Mg** Magnésium | | | | | | | | | | | 13 **Al** Aluminium | 14 **Si** Silicium | 15 **P** Phosphore | 16 **S** Soufre | 17 **Cl** Chlore | 18 **A** Argon |
| 19 **K** Potassium | 20 **Ca** Calcium | 21 **Sc** Scandium | 22 **Ti** Titane | 23 **V** Vanadium | 24 **Cr** Chrome | 25 **Mn** Manganèse | 26 **Fe** Fer | 27 **Co** Cobalt | 28 **Ni** Nickel | 29 **Cu** Cuivre | 30 **Zn** Zinc | 31 **Ga** Gallium | 32 **Ge** Germanium | 33 **As** Arsenic | 34 **Se** Sélénium | 35 **Br** Brome | 36 **Kr** Krypton |
| 37 **Rb** Rubidium | 38 **Sr** Strontium | 39 **Y** Yttrium | 40 **Zr** Zirconium | 41 **Nb** Niobium | 42 **Mo** Molybdène | 43 *Tc* Technétium | 44 **Ru** Ruthénium | 45 **Rh** Rhodium | 46 **Pd** Palladium | 47 **Ag** Argent | 48 **Cd** Cadmium | 49 **In** Indium | 50 **Sn** Étain | 51 **Sb** Antimoine | 52 **Te** Tellure | 53 **I** Iode | 54 **Xe** Xénon |
| 55 **Cs** Césium | 56 **Ba** Baryum | 57 à 71 Lanthanides | 72 **Hf** Hafnium | 73 **Ta** Tantale | 74 **W** Tungstène | 75 **Re** Rhénium | 76 **Os** Osmium | 77 **Ir** Iridium | 78 **Pt** Platine | 79 **Au** Or | 80 **Hg** Mercure | 81 **Tl** Thallium | 82 **Pb** Plomb | 83 **Bi** Bismuth | 84 **Po** Polonium | 85 **At** Astate | 86 **Rn** Radon |
| 87 **Fr** Francium | 88 **Ra** Radium | 89 **Ac** Actinium | 90 **Th** Thorium | 91 **Pa** Protactinium | 92 **U** Uranium | 93 *Np* Neptunium | 94 *Pu* Plutonium | 95 *Am* Américium | 96 *Cm* Curium | 97 *Bk* Berkélium | 98 *Cf* Californium | 99 *Es* Einsteinium | 100 *Fm* Fermium | 101 *Mv* Mendélévium | 102 *No* Nobélium | 103 *Lw* Lawrencium | |

| | | | | | | | | | | | | | | | |
|---|---|---|---|---|---|---|---|---|---|---|---|---|---|---|---|
| **Série des lanthanides (terres rares)** | 57 **La** Lanthane | 58 **Ce** Cérium | 59 **Pr** Praséodyme | 60 **Nd** Néodyme | 61 *Pm* Prométhéum | 62 **Sm** Samarium | 63 **Eu** Europium | 64 **Gd** Gadolinium | 65 **Tb** Terbium | 66 **Dy** Dysprosium | 67 **Ho** Holmium | 68 **Er** Erbium | 69 **Tm** Thulium | 70 **Yb** Ytterbium | 71 **Lu** Lutécium |

**Légende :** 92 **U** Uranium — **Numéro** / **Symbole** / **Nom**

Table de Mendeleïev (classification des éléments). En italique : éléments artificiels.

Pendant quelques décennies, on a pensé que les atomes étaient vraiment les constituants élémentaires de la matière, et c'est pour cela qu'on leur a donné ce nom : « atome », dérivé d'un terme grec qui signifie « insécable », impossible à couper. Mais de nouvelles découvertes ont montré que c'était faux !

Après de longues recherches, les physiciens ont constaté que les atomes étaient eux-mêmes des édifices complexes, mais constitués de trois sortes de briques seulement (ou plutôt « sous-briques »), dites *particules.* Pour comprendre le principe des réacteurs nucléaires, il faut retenir leurs noms et leurs principales caractéristiques :

- Le *proton* est un petit grain de matière qui porte, en outre, un grain d'électricité *positive.*
- Le *neutron* lui ressemble beaucoup — il a à peu près la même masse — mais il ne porte *pas* d'électricité (d'où son nom).
- L'*électron* est une particule quelque 2 000 fois plus légère que les précédentes et portant un grain d'électricité *négative.*

Ces particules ne sont pas indifférentes les unes envers les autres :

D'une part, deux grains d'électricité s'attirent ou se repoussent suivant qu'ils sont de signes contraires ou de mêmes signes *(forces électriques).*

D'autre part, il existe une force d'attraction très puissante qui peut lier entre eux des protons, des protons et des neutrons, ou des neutrons entre eux (mais qui n'intervient pas pour les électrons). Comme une colle, cette force entre en jeu seulement quand les particules sont mises en contact. Cette « colle », très forte, s'appelle *force nucléaire.* Les particules qui peuvent subir cette force nucléaire — protons et neutrons — sont, pour cette raison, regroupées sous le nom de *nucléons.*

Imaginons maintenant qu'on prenne des protons et des neutrons : si on les réunit, ils vont s'accoler grâce aux forces nucléaires, et cela malgré les forces électriques qui font se repousser les protons ; l'espèce de « sac de billes » très dense ainsi obtenu est appelé *noyau.*

Ce n'est pas encore un atome. En effet, ce noyau contient de l'électricité positive, celle des protons, qu'il va falloir équilibrer par de l'électricité négative portée par les électrons. On obtiendra un atome lorsque le noyau sera enveloppé par un léger « nuage » formé d'autant d'électrons qu'il y a de protons dans le noyau. Ces électrons (négatifs) seront retenus par le noyau (positif) grâce aux forces électriques qui sont alors des attractions.

Bien que l'image soit très approximative, on se représente souvent l'atome comme un minuscule système solaire où les électrons tournent autour du noyau comme les planètes autour du soleil.

Les atomes sont des objets très petits, et c'est pour cette raison qu'il a été difficile de découvrir leur structure. Pour vous en faire une idée, imaginez que vous grossissiez ce point : • de façon qu'il recouvre toute la ville de Paris (10 km de diamètre) : les atomes auraient alors 1 mm de diamètre, c'est-à-dire la taille du point !

Pour découvrir leur structure il faudrait disposer d'un microscope encore plus puissant. Supposons qu'un microscope imaginaire nous montre des atomes de 100 m. On apercevrait alors tout juste, au centre, le petit « sac de billes » de moins d'un centimètre : c'est le noyau, contenant presque toute la masse de l'atome et donc extraordinairement dense. Tout le reste de l'espace est occupé par le très léger nuage des électrons. Comme on le voit, *la matière, ce n'est presque que du vide !*

Nous avons vu qu'il y a dans un atome le même nombre — disons P — de protons dans le noyau que d'électrons autour du noyau. *Ce nombre* P *définit l'élément chimique, c'est-à-dire la sorte d'atome.* C'est le numéro qui est indiqué dans la table de Mendeleïev (il est souvent noté Z mais P est plus facile à retenir !). Par exemple :

Si P = 1 (1 proton, 1 électron), c'est un atome d'*hydrogène.*

Si P = 6 (6 protons, 6 électrons), c'est un atome de *carbone.*

Si P = 8 (8 protons, 8 électrons), c'est un atome d'*oxygène.*

Si P = 92 (92 protons, 92 électrons), c'est un atome d'*uranium.*

On ne trouve pas dans la nature d'atomes ayant plus de 92 protons et 92 électrons : le noyau serait alors trop gros pour être un édifice stable (même les noyaux d'uranium ne sont pas tout à fait stables). Mais l'homme a su fabriquer quelques éléments au-delà de l'uranium, éléments capables de subsister un certain temps, comme nous le verrons.

**La matière est formée de trois sortes de particules :**
**PROTONS, NEUTRONS et ELECTRONS.**

**PROTONS et NEUTRONS s'assemblent et**
***forment***
**les NOYAUX (il y en a quatre-vingt-douze sortes).**
**Les noyaux s'entourent d'ELECTRONS et**
***forment***
**les ATOMES (il y en a aussi quatre-vingt-douze sortes).**
**Les atomes s'assemblent et**
***forment***
**les MOLECULES (il y en a des milliers de sortes).**
**Les molécules s'assemblent et**
***forment***
**la MATIERE.**

L'organisation de la matière.

Assez souvent, les atomes d'un *même* élément peuvent être différents à cause du nombre N de neutrons associés aux P protons pour former le noyau. On distingue ces variétés en parlant d'*isotopes.* Les propriétés *chimiques* des isotopes sont rigoureusement identiques, car liées au nuage électronique (d'où la difficulté de les distinguer et de les séparer). En revanche, les propriétés *nucléaires* ne sont pas les mêmes et ce sont celles-là qui vont nous intéresser.

C'est ainsi que l'hydrogène de la nature est un mélange de deux isotopes : le plus courant est l'hydrogène 1 dont le noyau n'est formé que d'un seul proton ; l'autre est l'hydrogène 2 dont le noyau est formé d'un proton et d'un neutron. L'uranium a aussi deux isotopes dont nous reparlerons :

— le noyau de l'uranium 235 est formé de 92 protons et de 143 neutrons ;
— le noyau de l'uranium 238 est formé de 92 protons et de 146 neutrons.

Le lecteur aura remarqué qu'on distingue les isotopes en les caractérisant par le nombre de nucléons (protons *et* neutrons) ; par exemple, pour l'uranium 235, on a :

$$P = 92 \text{ et } N = 143,$$

d'où

$$92 + 143 = 235 \text{ nucléons.}$$

La figure, page 30, indique les possibilités de combinaisons des nombres P et N conduisant à des noyaux stables d'atomes (on en trouve 282). Un tel noyau est représenté par un point à l'abscisse P et à l'ordonnée N. Tous ces noyaux existent sur terre, l'homme n'a pas créé de nouveaux noyaux stables.

Aux combinaisons ne correspondant *pas* à un point sur la figure, sont associés des noyaux *instables,* dits

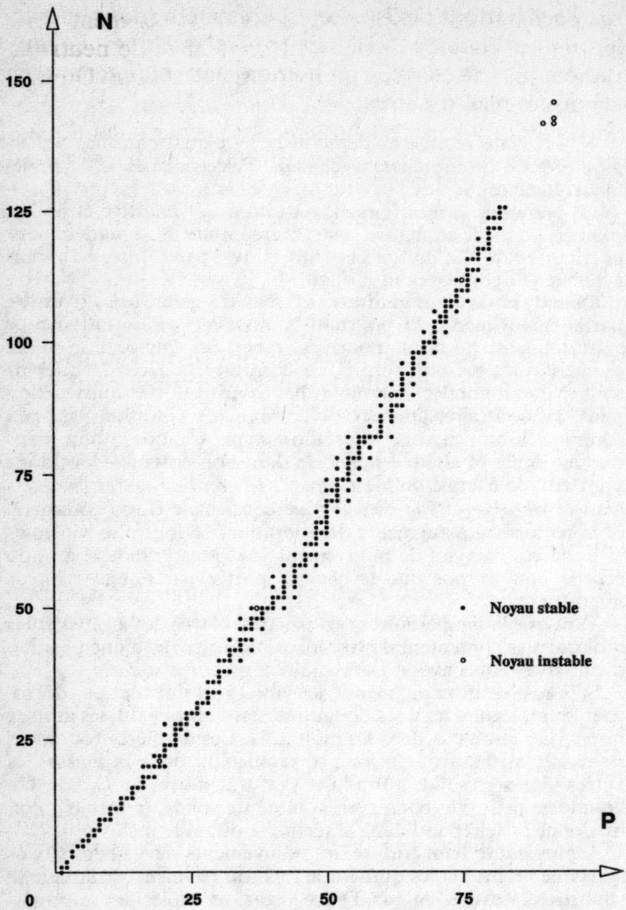


Diagramme indiquant les combinaisons N - P conduisant à des noyaux stables (on y a aussi placé quelques noyaux instables naturels).

*radioactifs,* dont l'existence est éphémère (nous en parlerons au chapitre VI). On trouve quelques noyaux radioactifs sur terre, et l'homme sait maintenant en fabriquer bien d'autres.

Nous avions recensé au début de ce livre quatre formes d'énergie libre : le mouvement, la chaleur, l'électricité et le rayonnement (lumière).

La première, le mouvement, est tout à fait intuitive et il n'est pas nécessaire de connaître la structure intime de la matière pour la comprendre. La nature des trois autres, par contre, est moins évidente. Voyons ce dont il s'agit.

Quand nous la regardons, la matière peut nous paraître parfaitement inerte. Et pourtant, si nous avions un microscope suffisamment puissant pour examiner les molécules et les atomes, nous serions surpris de constater que ces briques ne sont pas immobiles comme celles d'un jeu de construction mais, au contraire, animées de nombreuses vibrations, un peu comme les moucherons dans un essaim. Chaque atome dans une molécule et chaque molécule dans son ensemble ont donc une certaine énergie de mouvement. *Le total de toutes ces énergies de vibration est la chaleur* que contient le corps considéré. Si la température augmente, les vibrations se font plus violentes et donc ces énergies de mouvement sont plus grandes : à notre échelle nous dirons que la chaleur portée par l'objet est plus importante.

Tant que la température n'est pas trop élevée, les atomes et les molécules se contentent de vibrer sur place autour d'une position d'équilibre. Nous avons alors affaire à un corps *solide.*

Si la température augmente, les vibrations finissent par décrocher les molécules les unes des autres mais, en général, les atomes restent liés entre eux dans les molécules. Ces dernières vont alors s'entasser au hasard, chacune se promenant dans la masse des autres : le corps solide a fondu et s'est transformé en *liquide.* Un liquide ne peut plus conserver, comme un solide, la forme qu'on lui donne et se répand dans le récipient où on le met.

A plus haute température, les mouvements deviennent si violents que les molécules quittent le fond du récipient : le liquide se vaporise et devient un *gaz.* Dans ce gaz, les molécules se propagent à grande vitesse et de façon totalement désordonnée dans tout l'espace disponible, en se cognant violemment les unes contre les autres et contre les parois. (Ces multiples chocs contre les parois, qu'on observe aussi à l'état liquide, se traduisent à notre échelle par une pression.)

A encore plus haute température, les chocs sont tellement violents qu'ils cassent les molécules et même les atomes : ce quatrième état de la matière — gaz de fragments d'atomes — est appelé *plasma.* La température à la surface de la terre est relativement basse et on n'y trouve pas de matière à l'état de plasma (sauf dans les laboratoires qui étudient cet état !). C'est, par contre, sous cette forme que se trouve la plus grande partie de la matière vue dans l'Univers : il règne, en effet, de très hautes températures dans le soleil et les autres étoiles.

Dans un atome, les électrons qui tournent autour du noyau s'organisent en couches successives. C'est grâce aux électrons situés sur la couche la plus externe que les atomes peuvent s'accrocher les uns aux autres pour former des molécules : les atomes mettent en commun et se partagent ces électrons. Ce sont les *liaisons chimiques.*

Dans certains corps, nommés pour cette raison *conducteurs,* des électrons de la couche externe de chaque atome ne restent plus liés à un atome particulier mais peuvent, au contraire, se déplacer librement : leur mouvement d'ensemble constitue le *courant électrique* (souvenons-nous que chaque électron porte un grain d'électricité).

Ce sont les métaux qui sont les meilleurs conducteurs de l'électricité, notamment l'or, l'argent et le cuivre : ce dernier, relativement bon marché, est le plus utilisé pour fabriquer les fils électriques.

Dans d'autres corps, les électrons restent fixés aux atomes. Ils ne peuvent donc pas conduire le courant électrique : ces corps sont *isolants.*

Le physicien J.-C. Maxwell (1831-1879) a montré que la *lumière* était constituée d'*ondes,* analogues aux ondes provoquées par un caillou tombant dans une mare tranquille. Plus tard, A. Einstein (1879-1955) a prouvé que ces ondes de lumière étaient *aussi,* comme la matière, formées de petits grains ou particules appelées *photons.*

Ces petits grains portent de l'énergie mais n'ont aucune masse (c'est pour cela que la lumière n'est pas de la matière...). Ils se déplacent à une vitesse gigantesque, 300 000 km par seconde : un photon pourrait faire sept fois et demie le tour de la terre en une seconde !

Suivant l'énergie (du type mouvement) portée par les photons, la lumière présente différentes couleurs ou même est invisible : on parlera alors plutôt de *rayonnement.* Le tableau ci-contre indique la terminologie habituelle.

**Ondes de radio**
**Ondes de télévision**
**Ondes de radar**
**Infra-rouge**
***Rouge***
***Orangé***
***Jaune***
***Vert***
***Bleu***
***Indigo***
***Violet***
**Ultra-violet**
**Rayons X**
**Rayons gamma**

Les noms usuels des différents rayonnements de photons. Ceux qui constituent la lumière visible sont indiqués en italiques (on reconnaîtra les sept couleurs de l'arc-en-ciel.
Les rayonnements sont classés par énergie des photons de plus en plus grande (ondes de plus en plus courtes, vibrations de plus en plus rapides).

Chapitre IV

# COMMENT LIBÉRER L'ÉNERGIE STOCKÉE

Nous venons de voir à quoi correspondait, à l'échelle microscopique, trois des formes d'énergie libre que sont la chaleur, l'électricité et le rayonnement. Cette description microscopique de la matière permettra aussi de comprendre comment l'énergie est stockée, sous forme chimique et sous forme nucléaire, et quel est le principe des méthodes utilisées pour la libérer.

Imaginons une fronde dont l'élastique est tendu. Pour la maintenir, notre main et notre bras doivent faire un effort : ils s'opposent à la *force* de l'élastique. La notion de force est très intuitive : une force *tire* dans une certaine direction.

Tant que nous le maintenons, le petit caillou placé dans la boucle de l'élastique reste immobile. Mais si nous le lâchons, il va être projeté au loin à grande vitesse : il aura donc acquis de l'énergie de mouvement.

D'où est venue cette énergie ? Bien évidemment de la force de l'élastique : quand on a lâché le projectile, on a laissé à cette force la possibilité de *travailler*. Le travail de la force a libéré de l'énergie qui existait déjà (potentielle) mais n'était pas « visible », car stockée au sein de l'élastique tendu.

Cela est tout à fait général : *quand une force peut tra-*

*vailler, c'est-à-dire quand elle peut se déplacer dans le sens où elle tire, elle libère de l'énergie stockée.*

Quelques autres exemples l'illustreront : la force exercée par un cheval met la charrette en mouvement ; la force de l'eau qui pèse sur les aubes d'un moulin le fait tourner ; dans un moteur de voiture, l'essence s'enflamme dans les cylindres, portant les gaz à haute température donc à haute pression : ces gaz exercent une force sur les pistons qui se déplacent et, par l'intermédiaire de diverses pièces mécaniques, entraînent les roues.

Nous en concluons donc que si nous voulons repérer de l'énergie stockée et la libérer, il nous faut *rechercher des forces susceptibles de travailler.*

Le chapitre précédent nous a montré qu'il existe précisément dans la nature des forces qui assurent la cohésion des petits édifices que nous avons décrits, en particulier :

- dans les noyaux, des forces nucléaires maintiennent entre eux les nucléons ;
- la mise en commun ou l'échange par les atomes de quelques-uns de leur électrons périphériques crée des forces les assemblant pour former des molécules.

Quand ces édifices se sont réalisés à partir de leurs constituants, ces forces ont travaillé et libéré de l'énergie, dite *énergie de liaison.*

Si nous avions à notre disposition ces constituants, nous pourrions envisager de les assembler de façon à produire ainsi de l'énergie. Malheureusement, ce n'est pas le cas : dans la nature qui nous entoure, la matière est *déjà* constituée en édifices assemblés !

A y regarder de plus près la situation n'est cependant pas désespérée : la solution consiste à *réarranger* les briques de matière, comme l'enfant à court de briques peut démolir les constructions qu'il avait faites pour en réaliser de nouvelles. Si nous parvenons de la sorte à faire du plus solide, des constructions encore plus liées que celles dont nous sommes partis, nous gagnerons sur l'énergie de liaison et nous libérerons finalement de l'énergie.

Nous avons déjà noté que les chimistes savent effectivement réarranger différemment les atomes des molécules, par exemple passer de deux molécules d'hydrogène et une molécule d'oxygène à deux molécules d'eau, et *vice versa* (voir p. 23). Qu'est-ce qui est le plus solide, les groupes de la partie gauche du schéma (deux molécules d'hydrogène et une molécule d'oxygène), ou ceux de la partie droite (deux molécules d'eau) ? L'expérience répond à la question : ce sont les deux molécules d'eau. En conséquence, en formant de l'eau à partir d'oxygène et d'hydrogène, nous augmentons l'énergie de liaison des atomes, nous libérons de l'énergie. La flamme d'un chalumeau, combustion de l'hydrogène avec l'oxygène (chacun contenu dans une bouteille), en est la preuve. De même, le charbon et les hydrocarbures (pétrole, gaz naturel) sont des sources d'énergie, car nous pouvons les combiner à l'oxygène de l'atmosphère pour former du gaz carbonique et de l'eau, et gagner ainsi de l'énergie.

Comprenons bien que, dans une flamme par exemple, l'opération se fait en deux temps : dans un premier temps, il faut briser les molécules initiales pour séparer les atomes, ce qui nécessairement prend de l'énergie ; dans un deuxième temps, les atomes sont réassemblés, différemment, ce qui, au contraire, donne de l'énergie. Il y a gain, c'est-à-dire effectivement libération d'énergie, si et seulement si ce qui est donné dépasse ce qui est pris. Cela pourrait se comparer au capitaliste qui achète des actions en bourse pour les revendre un peu plus tard : il ne fait un bénéfice que si les cours ont monté entre les deux opérations !

La chimie est l'art des recombinaisons d'atomes et l'énergie qu'on en tire éventuellement est une *énergie d'origine chimique.* L'homme a su réaliser de telles réactions, et notamment des combustions, bien avant de connaître les atomes.

Mais il aura fallu attendre le XX^e^ siècle et la découverte de la structure intime des atomes pour que, par analogie, les physiciens songent à recombiner les *nucléons* constituant les *noyaux* atomiques. Ce vieux rêve des alchimistes est aujourd'hui devenu une réalité : en modifiant les noyaux, on change les atomes et ainsi sont créés de nouveaux éléments.

L'objectif des alchimistes était peut-être d'obtenir de l'or à partir d'éléments plus courants ; aujourd'hui, outre la satisfaction de sa curiosité, le physicien nucléaire a une autre ambition : la libération d'énergie.

Sur le plan des principes, l'idée d'une recombinaison des nucléons est très séduisante. Les forces nucléaires sont, en effet, *gigantesques* (à l'échelle, microscopique, des atomes, bien entendu) et les énergies de liaison, c'est-à-dire le travail qu'elles fournissent pour assembler les nucléons, sont, par conséquent, elles aussi gigantesques en comparaison des énergies de liaisons chimiques. Cela laisse présumer que la quantité d'énergie libérée par des recombinaisons bien choisies, augmentant l'énergie de liaison, sera également gigantesque.

C'est effectivement le cas : pour fixer les ordres de grandeur, disons qu'*une combustion nucléaire peut fournir, à partir de la même masse de produits, un million de fois plus d'énergie qu'une combustion chimique* ; ou encore : la même énergie avec un gramme au lieu d'une tonne de matière.

Mais si elle est séduisante, la combustion nucléaire est, pour les mêmes raisons, *a priori* plus difficile à réaliser que la combustion chimique. En effet, avant de reconstituer des édifices, il faut briser ceux qui existent. Casser des molécules est relativement facile : une source de chaleur (une allumette) suffit souvent. Briser des noyaux, édifices un million de fois plus solides que des molécules, n'est évidemment pas forcément aisé !

Avant d'examiner ce problème, voyons quels genres de réactions ont des chances de fournir de l'énergie. Une image permettra de le comprendre. Un individu seul ne constitue pas une équipe : il cherchera à s'associer à des amis. Inversement, dans un groupe trop nombreux des dissensions apparaissent et spontanément des sous-groupes se forment. Ce sont donc les groupes de taille moyenne qui sont généralement les plus unis.

Comme les groupes de personnes, les édifices que sont les noyaux des divers atomes sont de taille variable : le plus petit est le noyau d'hydrogène ordinaire constitué d'un seul proton ; le plus gros est le noyau de l'uranium 238 constitué de 238 nucléons. Ces édifices ne sont pas tous également solides : les physiciens ont remarqué que, comme pour les groupes d'individus, ce sont les noyaux de taille *moyenne* qui sont le plus solidement liés.

Ils en ont donc déduit qu'en cherchant à former des noyaux de taille moyenne, on augmentera l'énergie de liaison des nucléons, et qu'alors de l'énergie sera libérée. Deux voies sont ainsi possibles (voir le schéma ci-contre) :

- La première possibilité est la *fusion* (fusionner = réunir). Elle consiste à assembler deux petits noyaux pour en faire un plus gros.
- La deuxième possibilité est la *fission* (fissionner = casser). Elle consiste à casser un gros noyau pour en faire deux plus petits.

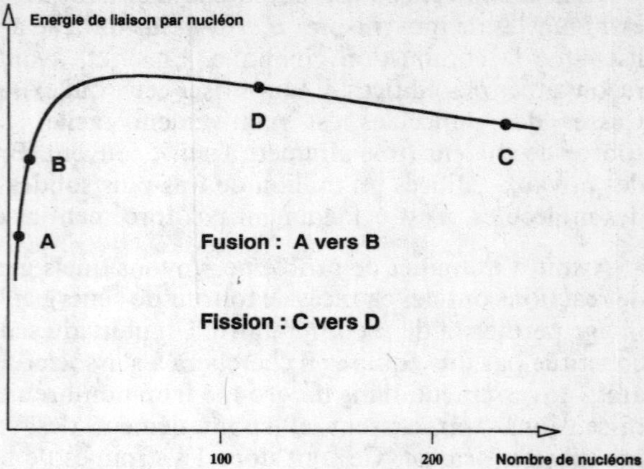


Courbe montrant l'énergie de liaison des noyaux et le principe de libération d'énergie par fusion et par fission.

Hormis de très rares exceptions, les réactions de *fission* ne se produisent pas dans la nature mais, en utilisant les neutrons, l'homme a trouvé un procédé pour les déclencher. Nous décrirons cela au chapitre suivant. Ce procédé a été mis en œuvre dans les *bombes* dites *« atomiques »* qui ont détruit Hiroshima et Nagasaki. (Parce que le sujet était nouveau à l'époque, le terme de bombe « atomique » a été introduit — et l'on parle encore quelquefois d'énergie atomique — mais ce terme est inadéquat, car l'énergie vient non pas des atomes mais de leurs *noyaux* : il faut donc parler d'énergie *nucléaire*.) Le même procédé est utilisé dans les réacteurs nucléaires destinés à la production d'énergie à usage pacifique.

Par contre, c'est de réactions de *fusion* que provient la gigantesque quantité d'énergie rayonnée par les étoiles, notamment notre soleil.

L'homme a su également réaliser de telles réactions dans les engins encore plus puissants et destructifs que les bombes « atomiques » que sont les *bombes à hydrogène.* Un effort considérable est actuellement mené par les pays industrialisés pour maîtriser cette formidable source d'énergie : peut-être relayera-t-elle l'énergie de fission au XXIe siècle.

Cependant la difficulté est grande. Une fusion de noyaux s'effectue grâce aux forces nucléaires — ces forces qui ressemblent à une colle — au moment où les deux noyaux qu'on veut réunir sont mis en contact. Mais, outre le fait que ces noyaux soient très petits, ils portent tous deux des charges électriques positives qui se repoussent : si on essaie de lancer un noyau sur un autre, cette répulsion fait manquer sa cible au projectile (de même qu'il est presque impossible de mettre en contact dans le « mauvais » sens deux puissants aimants) et la fusion ne se fait pas.

La seule solution est de porter les produits que l'on veut faire réagir à des *températures extrêmement élevées,* de l'ordre d'une centaine de millions de degrés ! La matière est alors dans un état de plasma total : les noyaux complètement dépouillés et les électrons se déplacent dans tous les sens à des vitesses considérables. Au hasard de leurs cheminements, deux noyaux peuvent entrer en collision de façon si violente que la répulsion des charges électriques est vaincue... et alors la fusion s'opère grâce aux forces nucléaires.

Au cœur des *étoiles,* de telles températures sont effectivement atteintes. Il s'y produit une suite complexe de réactions nucléaires qui se résument, en général, de façon simple : *quatre noyaux d'hydrogène 1, c'est-à-dire quatre protons, se rassemblent pour former un noyau d'hélium 4 constitué de deux protons et de deux neutrons* (deux des protons se seront unis à un électron chacun pour former les deux neutrons et les deux autres électrons seront disponibles pour former l'atome d'hélium).

Remarquons que dans ce cas la construction de l'hélium se fait à partir des briques élémentaires que sont les protons : toute l'énergie de liaison de l'hélium est libérée.

Quatre Hydrogène 1 → Hélium 4

La réaction de fusion de l'hydrogène
qui se produit dans les étoiles

L'homme utilise une réaction de fusion un peu plus facile à réaliser entre deux isotopes rares de l'hydrogène, le *deutérium* (hydrogène 2, dont le noyau est formé d'un proton et d'un neutron), existant dans la nature à raison d'un sur 6 700 atomes d'hydrogène, et le *tritium* (hydrogène 3, dont le noyau est formé d'un proton et de deux neutrons), qui est artificiel.

Deutérium (Hydrogène 2) + Tritium (Hydrogène 3)
→ Hélium 4 + Neutron

La réaction de fusion de l'hydrogène
que l'homme sait réaliser

Le tritium est fabriqué à partir du *lithium* qui est un élément naturel.

Lithium 6 + Neutron → Tritium + Hélium 4

La réaction produisant le tritium

La fusion de l'hydrogène ne peut se faire, comme nous l'avons dit, qu'à très haute température. Dans une bombe « H » (bombe à hydrogène), les produits sont chauffés par l'explosion préliminaire d'une bombe « A » (bombe à fission) qui joue le rôle d'allumette.

Pour une production pacifique d'énergie, on isolera le plasma par des procédés magnétiques au sein d'un *tore* (tube en forme d'anneau), car les parois de la machine ne résisteraient pas à de telles températures. Le chauffage aux 100 millions de degrés requis sera une opération difficile, une méthode parmi d'autres étant le passage d'un très intense courant électrique au sein du plasma. Seuls les neutrons, sans charges électriques donc insensibles au confinement magnétique, s'échapperont : absorbés dans une couverture de lithium placée autour du tore, ils produiront le tritium nécessaire à la réaction.

A l'heure où est écrit ce livre, les physiciens sont parvenus à l'*ignition,* c'est-à-dire un démarrage modeste de la réaction. Mais, vu les nombreux et difficiles problèmes technologiques à résoudre, ils restent fort prudents quant à la date d'un possible développement industriel des réacteurs à fusion !

Disons seulement que l'enjeu est important pour l'avenir : si cette technologie aboutit, nous disposerons d'une réserve gigantesque d'énergie, sans commune mesure avec les réserves que nous exploitons aujourd'hui. Même s'il ne constitue qu'une faible partie de l'hydrogène de la nature, le deutérium est abondant, car le volume d'eau (constituée d'hydrogène et d'oxygène) des océans est immense. Le lithium nécessaire pour fabriquer le tritium n'est pas rare non plus. Et, en outre, on pourrait s'en passer, car une réaction deutérium + deutérium est aussi possible quoiqu'un peu plus difficile que la réaction deutérium + tritium. Et si nous voyons loin, nous pouvons penser qu'un jour l'homme saura même faire sur terre la fusion de l'hydrogène (ordinaire) qui alimente en énergie les étoiles...

Mais revenons à l'énergie nucléaire d'aujourd'hui, celle de la fission.

Chapitre V

# LA COMBUSTION DE L'URANIUM

L'énergie d'origine nucléaire libérée dans les réacteurs est fondée sur des réactions de fission des noyaux lourds, essentiellement ceux de l'uranium. Dans cette opération, les neutrons jouent un rôle fondamental : ils permettent de réaliser une *réaction en chaîne.*

La notion de réaction en chaîne apparaît dans la vie courante. Par exemple, approchons une allumette d'un journal : une parcelle de journal s'enflamme ; cela libère de la chaleur qui va chauffer la parcelle voisine ; celle-ci s'enflamme à son tour, libérant de la chaleur, enflammant la parcelle suivante, et ainsi de suite... jusqu'à ce que tout le journal soit consumé. Par ce mécanisme « chaleur donne combustion et combustion donne chaleur » la réaction se propage : c'est une réaction en chaîne.

Dans un poêle, cette réaction en chaîne est *maîtrisée* : en réglant l'apport de combustible et la ventilation, on maintient la combustion au niveau désiré. Dans un incendie, au contraire, elle n'est pas maîtrisée mais *divergente* : la combustion s'étend de plus en plus rapidement jusqu'à devenir catastrophique.

La libération d'énergie nucléaire par fissions se fait aussi dans une réaction en chaîne. Dans un réacteur — comme dans un poêle — elle est contrôlée et l'énergie est produite au rythme souhaité. Dans une bombe

— comme dans un incendie — la réaction en chaîne « diverge » de manière explosive et une quantité considérable d'énergie est produite presque instantanément.

Nous avons vu que, dans son principe, la fission consiste à briser de gros noyaux d'atomes. Le procédé mis en œuvre pour cela est banal : *envoyer un projectile sur le noyau qu'on veut casser.*

Différents types de projectiles pourraient être envisagés, mais c'est le *neutron* qu'on va choisir, car il présente trois avantages décisifs dans cette affaire.

Le premier est qu'*il ne porte pas de charge électrique* : ce projectile peut approcher et atteindre sans difficulté la cible qu'est le noyau lourd qu'on veut briser. (Nous avons vu au chapitre précédent à propos de la fusion qu'utiliser un projectile portant une charge positive, un proton par exemple, rendrait l'impact très improbable.)

Le deuxième intérêt du neutron est qu'il *est sensible aux forces nucléaires.* Dès qu'il atteint la surface du noyau cible, il entre en contact avec des nucléons qui s'y trouvent déjà et l'espèce de « colle » qu'est la force nucléaire va le happer : la liaison du nouveau neutron est une force qui travaille ; l'énergie — importante — libérée par cette liaison qui s'est établie se disperse dans le noyau. Cela perturbe fortement l'édifice au point que, parfois, il se brise : c'est une fission.

En réalité, c'est pour un type de noyaux et un seul parmi ceux qui se trouvent dans la nature, l'*uranium 235,* que cette perturbation due au travail de la liaison nucléaire suffit pour briser l'édifice. C'est pour cette raison que ce « combustible » est choisi pour réaliser des réacteurs nucléaires. Dans les autres cas, l'absorption du neutron fait « trembler » le noyau sans le briser, sauf si l'apport d'énergie par le travail des forces nucléaires est complété par un apport d'énergie cinétique (énergie de mouvement) quand on utilise un projectile animé d'une grande vitesse. (On sait aujourd'hui fabriquer des noyaux *artificiels* qui, comme l'uranium 235, subissent facilement la fission : nous en reparlerons.)

*Une considérable quantité d'énergie est libérée lors d'une fission :* concrètement, les deux fragments contenant chacun de nombreux protons se repoussent mutuellement très violemment à cause de ces charges électriques de même signe ; ils vont ainsi être éjectés à grande vitesse : c'est d'abord sous forme de mouvement que l'énergie de fission apparaît. Mais en une infime fraction de seconde et sur quelques millièmes de millimètre, cette énergie se disperse dans la matière — l'uranium du réacteur — et finalement, c'est sous forme de *chaleur* que nous l'observerons.

Par ailleurs, outre les deux fragments, *quelques neutrons sont éjectés* lors d'une fission : en général deux, trois ou quatre, en moyenne 2,4 pour l'uranium 235. L'examen du diagramme des noyaux stables (p. 30) permet de le comprendre : plus les noyaux sont lourds, plus la proportion des neutrons y est grande ; quand on brise en deux un gros noyau, les fragments de taille intermédiaire ont *trop* de neutrons et il est donc logique qu'ils se « débarrassent » d'une partie au moins des neutrons excédentaires.

Nous tenons là la troisième raison du choix du neutron, raison qui sera la base même de la réaction en chaîne : *les projectiles utilisés pour provoquer des fissions sont tout simplement fournis par les fissions elles-mêmes !*

Dans un réacteur, les neutrons induisent les fissions et, *vice versa,* les fissions libèrent les neutrons nécessaires aux fissions suivantes : cette *réaction en chaîne* est très analogue à celle d'une combustion usuelle (comparez les schémas ci-contre).

| | |
|---|---|
| FEU | FISSIONS |
| ↓ | ↓ |
| Chaleur | Neutrons |
| ↓ | ↓ |
| FEU | FISSION |
| ↓ | ↓ |
| Chaleur | Neutrons |
| ↓ | ↓ |
| FEU | FISSIONS |
| ↓ | ↓ |
| Chaleur | Neutrons |
| ↓ | ↓ |
| Etc. | Etc. |

Comparaison de réactions en chaîne : la combustion chimique et la combustion nucléaire.

De même qu'il faut initialiser un feu par une allumette, il faut disposer de quelques neutrons ayant une autre origine pour initialiser la réaction en chaîne de fissions. On utilise pour cela une *source* radioactive que nous décrirons au prochain chapitre.

En moyenne, environ 2,4 neutrons sont émis lors de chaque fission. En pratique, tous ne sont pas récupérés pour provoquer de nouvelles fissions et, d'ailleurs, ce n'est ni nécessaire ni souhaitable. En effet, si l'on veut réaliser une *réaction en chaîne équilibrée,* il faut et il suffit que chaque fission soit suivie, en moyenne, d'*une* nouvelle fission. Autrement dit, sur les 2,4 neutrons émis, il faut en récupérer 1 — toujours en moyenne — pour réaliser une nouvelle fission, les autres (soit 1,4) n'étant pas utilisés pour la réaction en chaîne.

Ces derniers, non utilisés pour induire des fissions, seront *capturés* dans le cœur ou hors du cœur du réacteur. Le phénomène où un neutron arrivant à la surface d'un noyau est « happé » par ce noyau grâce aux forces nucléaires est appelé *absorption.* Si le noyau ne subit pas la fission, on parle alors de *capture* (sous-entendu stérile) : c'est simplement la formation d'un nouveau noyau ayant un neutron de plus que le noyau initial. Très rapidement, il éjecte son « trop-plein » d'énergie (celle qui provient du travail des forces nucléaires qui ont « happé » le neutron incident) sous forme de rayonnement gamma (voir p. 33). Ce nouveau noyau est parfois radioactif (voir le chapitre suivant).

Si l'on recherche, au contraire, une réaction explosive (bombe atomique) on concevra le système en sorte que moins de neutrons soient capturés et qu'une plus grande proportion d'entre eux induisent de nouvelles fissions. Si par exemple, sur les 2,4 neutrons émis par fission, 2 en moyenne provoquent une nouvelle fission (et 0,4 sont capturés), la réaction en chaîne s'emballe extrêmement rapidement comme le montre le schéma ci-dessous.

| | |
|---|---|
| 1 fission | 1 fission |
| ↓ | ↓ |
| 1 fission | 2 fissions |
| ↓ | ↓ |
| 1 fission | 4 fissions |
| ↓ | ↓ |
| 1 fission | 8 fissions |
| ↓ | ↓ |
| 1 fission | 16 fissions |
| ↓ | ↓ |
| 1 fission | 32 fissions |
| ↓ | ↓ |
| Etc. | Etc. |

Comparaison d'une réaction en chaîne équilibrée et d'une réaction en chaîne explosive.

Au niveau des principes, le fonctionnement d'un réacteur est extrêmement simple : *on laisse se promener au hasard les neutrons émis par les fissions.*

Pour compléter ce que nous disions il y a un instant, il nous faut préciser, en effet, que les neutrons sont très souvent *diffusés* par les noyaux qu'ils rencontrent avant d'être finalement *absorbés* (« happés » par les forces nucléaires) : lors d'une *diffusion* le neutron « rebondit » à la surface du noyau, sans y pénétrer, comme une balle de ping-pong sur un obstacle ou une boule de billard sur une autre boule de billard.

Dans la plupart des cas, les neutrons sont de nombreuses fois diffusés par les noyaux des matériaux constituant le réacteur avant d'être absorbés par l'un d'eux (fission ou capture). Cela donne au cheminement des neutrons un aspect fort chaotique dont le schéma suivant donne une idée.

Le neutron a été émis au point A lors d'une fission. Le trait en zigzags représente son parcours : chaque

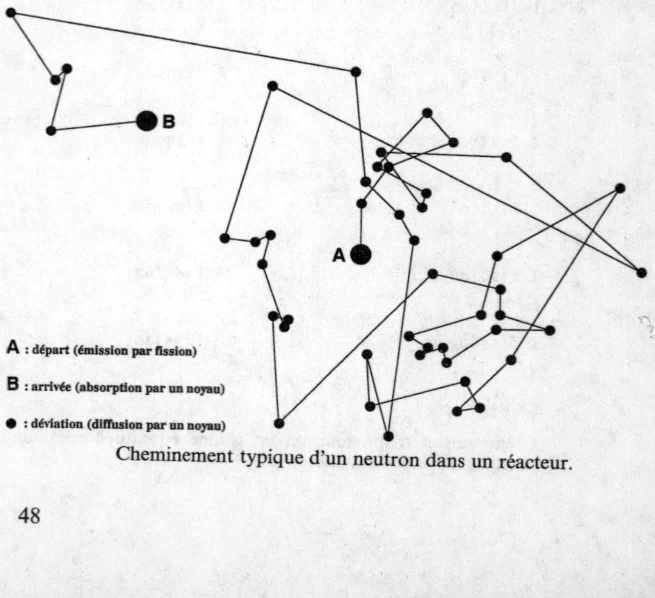


Cheminement typique d'un neutron dans un réacteur.

petit rond schématise une diffusion par un noyau se trouvant sur le parcours. Au point B le noyau rencontré par le neutron l'absorbe.

Ce dessin est à peu près à la bonne échelle : les atomes sont énormément plus petits, et les noyaux des atomes encore bien plus (voir p. 27) ; mais comme le neutron ne « voit » que les noyaux, il doit parcourir en ligne droite environ un centimètre — et traverser quelque cent millions d'atomes — avant d'avoir la « chance » de rencontrer un noyau sur son passage.

Notons aussi que les myriades de neutrons qui « se promènent » chaque seconde dans un réacteur « dessinent » des figures qui se ressemblent toutes mais qui sont toutes différentes : en effet, le neutron ne « sait » pas quand il va rencontrer un noyau, lorsqu'il le rencontre s'il sera absorbé ou simplement diffusé, et si c'est une diffusion de quel angle il sera dévié.

Tout le talent du physicien des réacteurs nucléaires est de choisir et d'arranger les matériaux de façon que la probabilité qu'un neutron induise une nouvelle fission ne soit ni trop grande ni trop faible. Dans le premier cas, on irait à l'explosion, dans le second cas la réaction en chaîne s'arrêterait...

En pratique, on dispose d'un mécanisme pour réaliser très exactement l'équilibre recherché, « une fission donne (en moyenne) une fission » : ce sont les *barres de commande*. Ces barres sont constituées de matériaux capturant les neutrons : si on les insère dans le cœur du réacteur, on augmente la proportion des neutrons capturés, donc on freine la réaction en chaîne. Inversement, on l'accélère en retirant ces barres.

Hormis le *fluide caloporteur* qu'on fait circuler pour extraire la chaleur produite par les fissions, ces barres de commande sont les seuls éléments mobiles d'un cœur. Un cœur de réacteur nucléaire est donc, sur le plan des principes, une machine fort simple !

La réaction en chaîne ne peut s'entretenir dans un système que si parmi les 2,4 neutrons émis en moyenne à chaque fission, au moins 1 provoquera une nouvelle fission à l'issue de son complexe cheminement : cette condition s'appelle la *condition critique.* La première question que se sont posée les physiciens dès que la possibilité d'une réaction en chaîne a été entrevue (juste avant le déclenchement des hostilités de la deuxième guerre mondiale) fut assurément : « Peut-on concevoir un système où la condition critique soit réalisée ? »

A première vue, les termes dans lequel se posait ce problème n'étaient guère encourageants car on savait que seul l'isotope 235 de l'uranium pouvait subir facilement la fission ; or malheureusement, dans la nature, seul un noyau d'uranium sur cent quarante est de l'uranium 235, soit une proportion de 0,7 %, plutôt infime !

La première idée qui vint naturellement à l'esprit fut de trier les deux isotopes d'uranium. Cette *séparation isotopique* est difficile car, vus de l'extérieur, rien ne distingue les deux atomes ; notamment, les propriétés chimiques, liées au nuage électronique, sont rigoureusement identiques. Seule une méthode utilisant la différence des masses peut être envisagée. En effet, l'uranium 235 dont le noyau contient trois neutrons de moins est un peu plus léger que l'uranium 238. Mais cette différence de masse étant faible, cette séparation isotopique est inévitablement coûteuse en investissements et en consommation d'énergie. Dans le cadre du programme « Manhattan », ce fut l'une des voies dans laquelle s'engagèrent les Américains pendant la guerre : elle aboutit à la bombe d'Hiroshima (6 août 1945). Par la suite, elle fut reprise pour des applications pacifiques de l'énergie nucléaire.

Une autre possibilité consiste à remplacer l'uranium 235 par une matière fissile artificielle, le *pluto-*

*nium 239*. Cet élément qui se place dans la case (vide) n° 94 de la table de Mendeleïev (p. 25) peut être produit dans les réacteurs comme nous l'expliquerons plus tard. Cette voie, également explorée pendant la guerre, conduisit à l'explosion expérimentale d'Alamogordo (16 juillet 1945) et à la bombe de Nagasaki (9 août 1945).

La troisième voie vers la condition critique consiste à tenter de s'accommoder de l'uranium naturel : elle n'est pas directement intéressante pour une bombe, car l'engin est trop volumineux et trop lent, mais elle est, en revanche, bien adaptée pour une réaction en chaîne contrôlée (réacteur). La première « pile atomique » construite par E. Fermi à Chicago démontra la possibilité d'une réaction en chaîne dans ces conditions (2 décembre 1942). Cette voie fut aussi suivie dans le cadre du programme « Manhattan » : les piles de Hanford produisirent le plutonium des bombes d'Alamogordo et de Nagasaki. Par la suite elle fut largement développée pour les applications pacifiques.

Une réaction en chaîne avec un uranium aussi peu riche en matière fissile que l'uranium naturel semble une gageure ! Pour comprendre que ce n'est effectivement pas une impasse, il faut compléter la description de la physique des neutrons sur deux points :

*a)* Lors de la fission, les neutrons sont émis à une très grande vitesse, de l'ordre de 20 000 km par seconde. Ensuite, ces neutrons sont généralement diffusés plusieurs fois avant d'être absorbés par un noyau (schéma de la p. 47). A chaque diffusion, le neutron non seulement est dévié dans son parcours mais aussi plus ou moins *ralenti* de la même façon qu'une boule de billard heurtant une autre boule au repos communique une partie de sa vitesse à cette dernière et est elle-même ralentie.

Même si le nombre de diffusions est important, le neutron n'est cependant jamais complètement arrêté, car les cibles qu'il rencontre ne sont pas tout à fait immobiles : la matière constituant le réacteur est à une certaine température, ce qui veut dire (voir p. 31) que les atomes et leurs noyaux vibrent autour d'une position moyenne. Après un nombre suffisant de diffusions, un équilibre est atteint où l'énergie cinétique des neutrons sera la même que celle de l'agitation thermique de la matière constituant le réacteur où ils cheminent. On parle alors de *neutrons thermiques* : leur vitesse n'est plus alors que de l'ordre de 2 à 3 km par seconde.

*b)* La physique nucléaire révèle de bien curieuses propriétés ! Pour donner une image simple, nous avons décrit le noyau comme un petit sac de billes et le neutron comme une bille en mouvement ; il y a collision si, par hasard, la trajectoire du neutron l'amène à traverser le (petit) volume occupé par le noyau. Cette image laisserait penser que les deux isotopes de l'uranium ne sont guère différents puisque des sacs de 235 ou 238 billes doivent passablement se ressembler.

Or cette image se révèle complètement fausse ! Le physicien nucléaire le constate et, même s'il sait écrire des équations pour le décrire, je ne crois pas qu'il soit réellement capable de l'expliquer ; il nous dit seulement : « Attention ! à l'échelle microscopique les concepts que nous élaborons par l'observation des choses à notre échelle — macroscopique — ne s'appliquent plus ». Prenons-en acte...

Ainsi, « vus » par les neutrons, les deux isotopes de l'uranium sont en fait extrêmement différents, surtout si les neutrons sont thermiques, c'est-à-dire (relativement) lents. Tout se passe alors *comme si* le noyau de l'isotope 235 de l'uranium était *beaucoup plus gros* que le noyau de l'isotope 238.

Nous comprenons donc que des neutrons absorbés par l'uranium après avoir été ralentis le seront surtout par l'uranium 235, même si la proportion de cet isotope est faible. Comme l'absorption d'un neutron par l'uranium 235 conduit presque toujours à la fission, la réaction en chaîne devient possible, même avec un uranium contenant peu d'uranium 235, voire naturel où la proportion n'est que de 0,7 %. Mais, attention, il y a une condition impérative à cette troisième voie dite des *réacteurs à neutrons thermiques* : il faut ralentir les neutrons.

L'uranium lui-même ne peut pas assurer ce rôle, car il ralentit peu les neutrons : on place pour cela dans les réacteurs à neutrons thermiques un autre matériau appelé *modérateur,* terme qui rappelle l'objectif : « modérer » la grande vitesse des neutrons, les ralentir.

Un bon modérateur doit contenir des noyaux *légers,* qui ralentissent mieux les neutrons, et *peu capturant,* pour perdre le moins de neutrons possible dans l'opération. En pratique, trois matériaux sont utilisés comme modérateurs :

- L'*eau ordinaire* contient de l'hydrogène : ce noyau — le plus léger de la nature — ralentit bien les neutrons, mais est malheureusement relativement capturant, à tel point qu'on ne peut pas s'accommoder d'uranium naturel dans ce cas. Avantage de ce médiocre modérateur : l'eau ne coûte rien.
- L'*eau lourde* est sans conteste le meilleur modérateur ; elle permet d'utiliser l'uranium naturel. C'est de l'eau dans laquelle on a, par une séparation isotopique, retiré tous les atomes d'hydrogène 1 pour ne garder que les rares atomes d'hydrogène 2 ou deutérium. Pour cette raison c'est un modérateur coûteux.
- Le *graphite* est un matériau constitué d'atomes de carbone. Il est relativement peu coûteux, le seul impératif étant de le fabriquer dans un état très pur.

Ce n'est pas un très bon modérateur car les noyaux de carbone sont relativement lourds (6 protons et 6 neutrons). Cependant il permet aussi de s'accommoder de l'uranium naturel, à condition d'adjoindre beaucoup de graphite à l'uranium, d'où des réacteurs très volumineux.

En pratique, on adopte une disposition hétérogène. Par exemple, les réacteurs à graphite sont constitués en juxtaposant des briques de graphite percées : au centre du canal se trouvent les barreaux d'uranium le long desquels circule le fluide caloporteur extrayant la chaleur produite, par exemple du gaz carbonique.

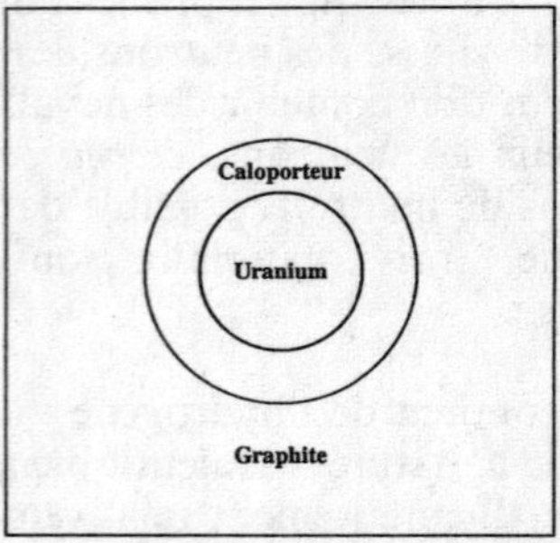


« Cellule » d'un réacteur à graphite et uranium naturel.

Dans leur majorité, les neutrons émis par fission dans l'uranium vont aller se promener dans le graphite où ils se ralentissent puis finalement, à l'état de neutrons thermiques, sont absorbés dans l'uranium où ils ont de bonnes chances d'induire de nouvelles fissions.

Ajoutons, pour terminer, qu'il n'est pas indispensable d'utiliser un modérateur pour réaliser un réacteur nucléaire. Si l'on s'en passe, les neutrons seront absorbés à l'état rapide, c'est-à-dire à des vitesses voisines de celle qu'ils ont au moment de leur émission par fission. Mais comme les noyaux vus par les neutrons rapides ont à peu près tous la même « taille », il faut avoir dans le « combustible » une grande proportion de noyaux susceptibles de subir facilement la fission, uranium 235 ou plutonium 239. Notamment l'utilisation de l'uranium naturel est totalement exclue. Cette « filière » dite des *réacteurs à neutrons rapides* présente des avantages et des inconvénients par rapport aux filières des réacteurs à neutrons thermiques : nous en reparlerons.

Les différentes sortes de réacteurs nucléaires ou, comme il est dit, les différentes *filières* se différencient d'abord par le principe choisi, chercher ou non à ralentir les neutrons. On peut distinguer ensuite selon trois critères les diverses solutions techniques qui ont toutes été étudiées par les ingénieurs et quelques-unes particulièrement développées :

1) Le *combustible* : atomes lourds utilisés (uranium, plutonium...) ; matériau choisi (métal, oxyde...) ; disposition géométrique ; nature des gaines (étuis) où est placé le combustible et destinées à retenir les produits de fission.

2) S'il y a lieu, le *modérateur* qui a été choisi.

3) Et enfin le *fluide caloporteur* emportant la chaleur.

Le réacteur que nous avons présenté au chapitre II est un réacteur à eau : l'eau y joue, à la fois, les rôles de modérateur et de caloporteur. Les gaines sont de longs tubes de zirconium ; elles contiennent un combustible sous forme d'oxyde d'uranium un peu plus riche en isotope 235 que l'uranium naturel (3 à 4 % contre 0,7 %), obtenu par une séparation isotopique partielle de l'uranium : cette opération coûteuse est la contrepartie du choix d'un modérateur bon marché ! Il n'y a pas de solution miracle... Signalons — mais nous y reviendrons — qu'on peut aussi utiliser un combustible formé d'un mélange d'oxydes d'uranium et de plutonium.

Pour conclure ce chapitre, le physicien que je suis et qui s'est penché, avec bien d'autres et pendant de nombreuses années, sur ces problèmes voudrait préciser en quelques mots comment nous travaillons.

Dans son *principe,* la réaction en chaîne de fissions assurant la combustion de l'uranium est simple. Dans la *pratique,* les calculs à faire pour bien concevoir et réaliser ces machines que sont les réacteurs nucléaires sont lourds et difficiles : ils obligent à utiliser les plus gros ordinateurs.

Certes, à l'époque des pionniers de l'énergie nucléaire, il y a quarante ou cinquante ans, l'informatique n'existait pas ! Et je suis plein d'admiration pour eux quand je constate qu'avec une connaissance très approximative des valeurs numériques et des formules rudimentaires, ils ont été néanmoins capables de cerner la condition critique puis de construire des réacteurs.

Mais l'expérience montre que les ingénieurs se sont montrés toujours plus exigeants — à juste titre sans doute : d'une part, ils ont perpétuellement voulu améliorer les performances techniques et économiques des centrales, d'autre part, ils ont toujours mis en première priorité les études de sûreté pour réduire dans toute la mesure du possible les risques d'incidents, voire d'accident (Tchernobyl — voir p. 110 — a montré que cette préoccupation était impérative).

Nous, physiciens, avons dû relever ce défi ! Nous avons dû nous donner les moyens de prévoir dans tout le détail nécessaire le comportement des neutrons dans le cœur et la génération de puissance par fissions. Et cela est difficile : nous devons être capables de décrire les cheminements chaotiques et aléatoires des neutrons, prendre en compte des géométries très compliquées, analyser l'étrange façon qu'ont les neutrons de « voir » les noyaux selon leur vitesse ; nous devons aussi traiter les problèmes d'hydraulique et de thermique liés à la production de chaleur dans le combustible et à son évacuation par le fluide caloporteur ; nous devons nous préoccuper aussi des rayonnements produits et des moyens de les arrêter pour éviter tout risque pour les hommes et les installations...

Ce défi, nous l'avons relevé en approfondissant la physique et les mathématiques, et en utilisant au fur et à mesure la puissance de calcul des ordinateurs rendue disponible par les développements de l'informatique.

Comment travaillons-nous, en effet ? D'abord nous devons *comprendre* les phénomènes grâce à notre intelligence et en nous aidant d'expériences de laboratoire. Nous devons ensuite les *modéliser,* c'est-à-dire les exprimer par des équations mathématiques. Se pose ensuite la question de savoir comment *résoudre* ces équations compliquées. Et quand cette question sera résolue, il faudra *programmer* pour préciser dans le détail à l'ordinateur toutes les opérations qu'on lui demandera d'effectuer. Dans notre jargon, nous appelons tout ce travail le *développement des codes de calcul.*

Une fois écrit, un code devra être testé et *qualifié* pour apporter l'assurance que les calculs sont conformes aux observations faites sur les installations ; en général cette confrontation à la réalité révélera des imperfections et nous aiguillera dans les améliorations restant nécessaires.

Ces tâches sont trop lourdes, aujourd'hui, pour un seul homme ; développer et qualifier un code est le travail d'une équipe sur plusieurs années. Chacun a son rôle et sa spécialité, physique, mathématiques, informatique, expérimentation... Mais chacun doit aussi collaborer avec les autres, ce qui ne peut se faire que si l'on a une bonne connaissance des domaines autres que sa propre spécialité. Et chacun, bien sûr, doit être imprégné des préoccupations des ingénieurs qui utiliseront, par la suite, ces codes.

Ces tâches ne sont certainement pas terminées : améliorer les performances et la sûreté, préparer les options du prochain siècle ne se feront pas sans le maintien de cet effort.

Chapitre VI

# LA RADIOACTIVITÉ ET LES RAYONNEMENTS

La combustion de l'uranium dans un réacteur génère de nombreux produits radioactifs, notamment les fragments de fission. Par conséquent, des problèmes de radioactivité sont associés à toute production d'énergie nucléaire (et aussi à l'utilisation des radioéléments dans d'autres branches de la recherche et de l'industrie). Ils seront l'objet de ce chapitre.

Nous avons vu (p. 30) que près de trois cents combinaisons entre protons et neutrons permettent d'obtenir des *édifices stables,* noyaux des atomes de la matière naturelle. Est-ce à dire que toute autre combinaison est exclue ? Certainement pas.

Les autres combinaisons vont conduire à des *édifices instables* appelés *noyaux radioactifs* ou *radionucléides* : au bout d'un laps de temps plus ou moins long, un noyau radioactif se transforme spontanément — on dit qu'il se *désintègre* — en émettant une ou plusieurs particules, jusqu'à devenir l'un des noyaux stables.

Les particules éjectées par une matière radioactive constituent un *rayonnement radioactif.*

Pour prendre une image très approximative, la radioactivité est analogue à ce que fait un groupe d'amis où se trouve un gêneur : au bout d'un certain temps, il est rejeté par les autres et l'équipe retrouve sa cohésion. Si vous observez un tel groupe, vous pouvez avoir la conviction que celui-ci sera tôt ou tard rejeté, mais vous ne savez pas si ce sera aujourd'hui, demain, après-demain...

Pour un noyau radioactif, la situation est semblable : un physicien étudiant un noyau radioactif sait qu'il se désintégrera mais il lui est impossible de dire quand. Il ne peut que faire des statistiques : considérant un grand nombre de noyaux radioactifs identiques, il peut prédire quelle proportion se sera désintégrée au bout d'un certain laps de temps. C'est la *loi de la radioactivité* que la figure ci-dessous explicite.

Cette courbe représente, pour un ensemble de noyaux radioactifs considérés à un instant donné, la *proportion* de ceux qui *subsistent* encore au bout d'un laps de temps *t*. Elle montre que les désintégrations de noyaux radioactifs sont caractérisées par une

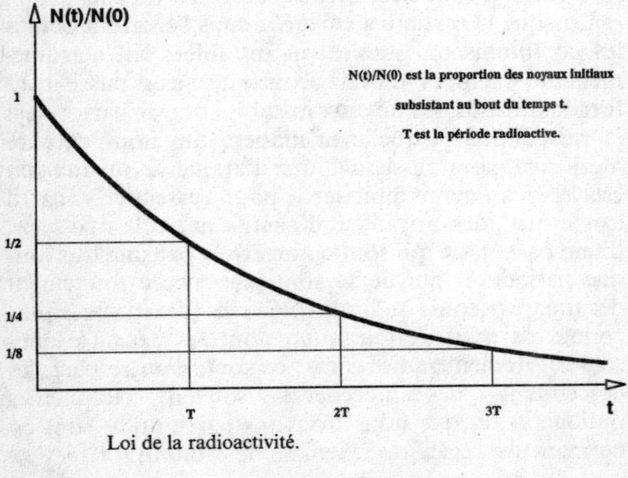


Loi de la radioactivité.

*période* T : c'est la durée nécessaire pour que la *moitié* des noyaux radioactifs de l'espèce observée se soit désintégrée. Au bout de deux périodes, seule reste la moitié de la moitié, donc le quart ; après trois périodes, ne subsiste que la moitié du quart, soit le huitième ; et ainsi de suite. En poursuivant les calculs, on constate que cette *décroissance radioactive* est rapide ; par exemple, au bout de dix périodes, il ne reste plus qu'un millième environ des noyaux initiaux.

D'un type de noyau radioactif à l'autre, l'ordre de grandeur de la période peut être très différent. Certains ont une période d'une infime fraction de seconde, d'autres une période se chiffrant en milliards d'années ! Mais dans tous les cas la loi de la radioactivité est la même.

Elle ne dépend pas des conditions auxquelles sont soumis les atomes (forme chimique, température, pression...), car la radioactivité est un phénomène propre aux noyaux, alors que les états de la matière ne font intervenir que les électrons des atomes.

Lorsque la matière a été créée dans l'Univers, toutes les combinaisons, stables ou instables, ont certainement été « tentées ». Mais comme cela s'est passé il y a fort longtemps, les noyaux instables ont disparu : c'est la raison pour laquelle la matière qui nous entoure n'est faite, pour l'essentiel, que d'atomes à noyaux stables. Nous devons préciser « pour l'essentiel », car il existe quelques noyaux radioactifs naturels : ce sont, d'une part, ceux qui sont caractérisés par une très longue période et qui ne se sont pas encore totalement désintégrés depuis qu'ils ont été créés (l'exemple le plus connu est celui de l'uranium dont les deux isotopes sont légèrement radioactifs) ; ce sont, d'autre part, les descendants des précédents, souvent eux-mêmes radioactifs, et que nous trouvons parce qu'ils sont en permanence régénérés (exemple, le radium).

Par ailleurs, depuis que l'homme sait maîtriser les réactions nucléaires, de très nombreux noyaux radioactifs artificiels ont été formés et étudiés.

Le diagramme des noyaux stables (p. 30) permet de repérer une zone de stabilité : rappelons que chaque point noir de ce diagramme aux coordonnées (P, N) représente le noyau stable correspondant.

Les combinaisons (P, N) associées à des noyaux instables pourraient aussi se représenter par des points sur ce diagramme, mais nous ne les avions pas fait figurer (hormis quelques noyaux instables naturels).

Une désintégration radioactive conduit à une modification des nombres P et N, donc à un *déplacement* du point représentatif sur la figure : un tel déplacement se fait toujours en direction de la « zone de stabilité ».

Le schéma ci-dessous reprend ce diagramme en le simplifiant (la zone de stabilité est réduite à un arc de courbe). Il montre que l'on peut distinguer trois zones d'instabilité : la zone A au-delà de la courbe correspond

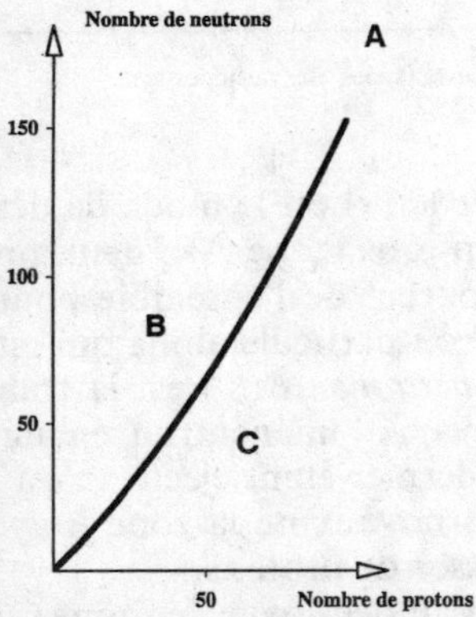


Les trois zones d'instabilité.

à des noyaux *trop gros* pour être stables ; la zone B au-dessus de la courbe correspond à des noyaux ayant *trop de neutrons* et trop peu de protons pour être stables ; la zone C, enfin, au-dessous de la courbe correspond à des noyaux ayant *trop de protons* et trop peu de neutrons.

Les différents types de radioactivité sont associés à la position dans ce diagramme du noyau instable concerné. On distingue cinq modes de désintégration radioactive (résumés dans le tableau ci-dessous).

| Type de radioactivité | Abré-viation | Noyau fils | Particule éjectée |
|---|---|---|---|
| ALPHA | $\alpha$ | (P-2,N-2) | Hélium 4 |
| BETA MOINS | $\beta^-$ | (P+1,N-1) | Electron |
| BETA PLUS | $\beta^+$ | (P-1,N+1) | Positon |
| CAPTURE ELECTRONIQUE | CE | (P-1,N+1) | *(Néant)* |
| GAMMA | $\gamma$ | (P,N) | Photon |

Les cinq principaux types de radioactivité.

La *radioactivité alpha* ($\alpha$) est le mode de désintégration d'un noyau trop gros (zone A) : deux protons et deux neutrons se séparent de l'ensemble pour former un noyau d'hélium 4 ou particule alpha qui est éjectée.

La *désintégration bêta moins* ($\beta^-$) est la transformation, au sein du noyau, d'un neutron en un proton plus un électron, ce dernier étant éjecté : c'est le mode de désintégration des noyaux de la zone B ayant trop de neutrons et pas assez de protons.

Symétriquement, pour des noyaux en zone C, c'est un proton qui peut se transformer en neutron avec éjection d'un anti-électron (électron positif, appelé aussi *positon* ou positron) : c'est la *désintégration bêta plus* ($\beta^+$).

Dans ce cas, un autre processus est possible : un proton capture l'un des électrons du cortège atomique et devient un neutron. Cette *capture électronique* se distingue de la désintégration bêta plus par le fait qu'aucune particule n'est éjectée.

Lors de ces différents processus, le noyau résiduel est souvent encore instable et alors une ou plusieurs nouvelles désintégrations auront lieu. C'est, par exemple, le cas du tellure 135 (voir le schéma).

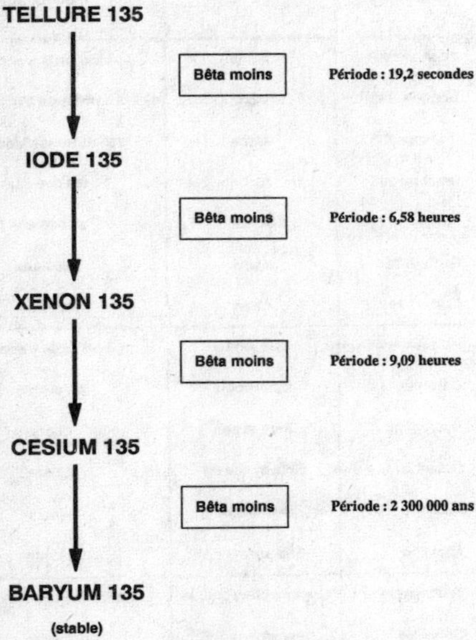


Exemple de chaîne radioactive. Les quatre premiers noyaux sont artificiels. Le tellure 135 est produit par fission dans les réacteurs ; le xénon 135 capture très efficacement les neutrons lents et est ainsi un « poison » gênant.

Par ailleurs, le noyau résiduel après une désintégration peut encore avoir un « trop plein » d'énergie : il s'en « débarrasse » alors (rapidement) par émission de photons énergétiques : c'est la *radioactivité gamma* ($\gamma$), qui suit donc souvent les autres modes de radioactivité lors des désintégrations des noyaux instables.

Le tableau suivant donne quelques exemples de noyaux radioactifs : on y remarquera que les périodes

**Quelques exemples de périodes radioactives**

| NOYAU | TYPE | PERIODE |
|---|---|---|
| Thorium 232 | Alpha | 14 milliards d'années |
| Uranium 238 | Alpha | 4,5 milliards d'années |
| Uranium 235 | Alpha | 700 millions d'années |
| Uranium 233 | Alpha | 160 000 ans |
| Plutonium 239 | Alpha | 24 000 ans |
| Radium 226 | Alpha | 1 600 ans |
| Curium 242 | Alpha | 160 jours |
| Potassium 40 | Bêta moins | 1,3 milliards d'années |
| Carbone 14 | Bêta moins | 5 700 ans |
| Hydrogène 3 | Bêta moins | 12 ans |
| Cobalt 60 | Bêta moins (*) | 5,3 ans |
| Iode 131 | Bêta moins | 8 jours |
| Azote 16 | Bêta moins (*) | 7,1 secondes |
| Technétium 97 | Capture électronique | 2,6 millions d'années |
| Cobalt 58 | Bêta plus et C.E. | 71 jours |
| Carbone 11 | Bêta plus | 20 minutes |

(*) Exemples de noyaux plus connus par le rayonnement gamma qui accompagne cette désintégration.

peuvent être, ainsi que nous l'avons dit, extrêmement différentes d'un exemple à l'autre.

Les particules éjectées lors d'une désintégration radioactive constituent des *rayonnements ionisants.* Ces particules sont émises à grande vitesse. Traversant la matière environnante, elles vont y provoquer un certain nombre de dégâts liés essentiellement à la création d'*ions,* c'est-à-dire d'atomes n'ayant plus leur compte d'électrons : en effet, ces particules arrachent sur leur passage des électrons aux atomes.

Les matériaux placés au cœur d'un réacteur subissent des doses intenses de rayonnements dégradant à la longue leurs qualités mécaniques : les ingénieurs doivent le savoir et en tenir compte lors de la conception et de l'exploitation des centrales. Par exemple, cela peut induire une contrainte sur la durée de séjour des éléments de combustible nucléaire dans le cœur à cause de la fragilisation des *gaines* (tubes contenant l'oxyde d'uranium) ; de même, dans les réacteurs à eau sous pression, il faut s'assurer que la *cuve* restera capable de résister à la haute pression de l'eau qu'elle contient pendant toute la durée prévue pour le fonctionnement du réacteur, soit une quarantaine d'années.

Cependant, c'est la matière vivante, constituée de grosses molécules complexes et fragiles, qui est la plus sensible aux rayonnements. Il importe donc de prévoir, lors de toute manipulation de matière radioactive et autour du cœur d'un réacteur, les écrans nécessaires pour arrêter les rayonnements. L'ensemble des moyens mis en œuvre pour détecter les rayonnements et se prémunir contre les risques qu'ils présentent s'appelle la *radioprotection.*

Pour *absorber* un rayonnement et éviter qu'il ne s'échappe, on utilise des écrans adéquats par leur épaisseur et les matériaux utilisés : cela dépend du type de rayonnement. Voici quelques ordres de grandeur :

- Une feuille de papier suffit pour absorber une particule alpha (noyau d'hélium 4).
- Une tôle suffit pour absorber une particule bêta moins (électron).
- Les positons (rayonnement bêta plus) sont pratiquement absorbés sur place : un positon s'annihile avec le premier électron rencontré sur son passage en formant deux photons, ce qui ramène le problème au cas du rayonnement gamma.
- Les rayonnements gamma constitués de photons énergétiques sont les plus difficiles à arrêter : plusieurs décimètres de matière (par exemple du béton) sont nécessaires.
- Remarquons aussi que les *neutrons* s'échappant d'un réacteur constituent aussi un rayonnement (mais qui n'est pas d'origine radioactive) : comme pour les photons gamma, plusieurs décimètres de matière sont nécessaires pour les absorber.

Aucun de nos cinq sens n'est capable de détecter ces rayonnements, et c'est sans doute ce qui leur donne, dans l'esprit du public, ce caractère à la fois mystérieux et inquiétant. Mais les spécialistes ont à leur disposition des appareils de *détection* à la fois précis et peu coûteux (compteurs Geiger...). Les plus sensibles sont capables de mesurer des niveaux de rayonnement bien inférieurs au niveau jugé dangereux pour l'homme. Toute entreprise du domaine nucléaire dispose de tels appareils pour surveiller l'environnement des personnes exposées au risque d'*irradiation* par les rayonnements, et chacune d'entre elles est assujettie à porter un *dosimètre* permettant de chiffrer la dose de rayonnement qu'elle aurait pu recevoir.

Il faut également se prémunir des risques de *contamination,* c'est-à-dire d'absorption par l'organisme de produits radioactifs qui émettraient directement leurs rayonnements à l'intérieur du corps.

Toute personne susceptible à cause de ses activités professionnelles d'encourir ces risques doit être suivie par des médecins spécialistes de radioprotection.

Pour apprécier à leur juste valeur les risques liés à la radioactivité, il faut savoir que de tout temps l'homme a été soumis à un certain niveau de *rayonnement naturel.* Tous les organismes vivants s'y sont adaptés et il semble qu'ils soient capables de corriger jusqu'à un certain degré les dégâts dus à l'irradiation.

Le rayonnement naturel a deux origines : d'une part, le *rayonnement cosmique* en provenance des espaces intersidéraux n'est pas totalement absorbé par l'atmosphère terrestre (il est donc plus intense à haute altitude) ; d'autre part, les *noyaux radioactifs naturels* conduisent à la fois à des irradiations et à une contamination. Cette deuxième source naturelle dépend considérablement de la nature géologique des terrains et est, par exemple, plus intense dans les régions granitiques (le granite contient de l'uranium et du thorium et les descendants radioactifs de ces éléments, notamment le radon).

A ces sources naturelles se sont aujourd'hui ajoutées — surtout dans les pays industrialisés — des sources artificielles. Le schéma ci-contre donne les ordres de grandeur pour la France : on y constatera que les activités humaines ont à peu près augmenté de moitié le niveau naturel ; mais cela est dû principalement non pas aux programmes nucléaires (militaires et civils) mais aux examens radiologiques de diagnostic médical.

Quels sont les effets des rayonnements sur les êtres vivants, l'homme en particulier ? Tout dépend de la dose reçue par l'organisme et des modalités de l'irra-

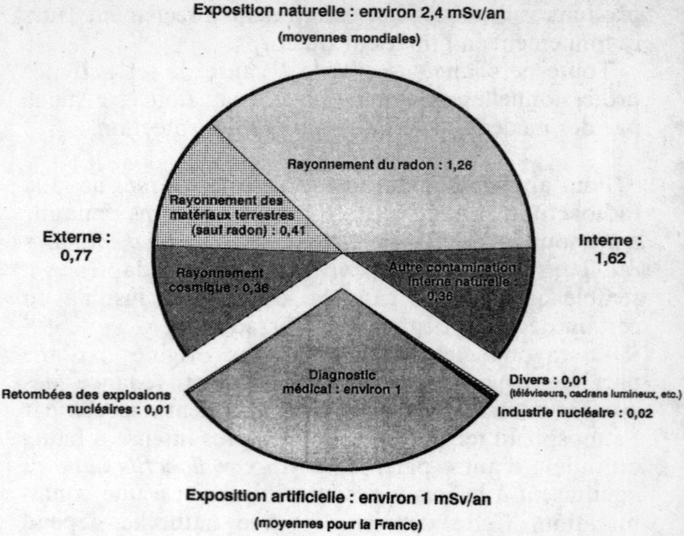


Exposition moyenne de la population. (Les doses sont exprimées en milli-sieverts par an ; le sievert est l'unité utilisée pour exprimer une dose de rayonnement).

[Sources : UNSCEAR, 1988, et CEA/IPSN, 1991.]

diation : durée, organe(s) concerné(s), etc. Pour nous restreindre à quelques notions simples nous ferons deux remarques.

La première est qu'il ne faut pas confondre, comme c'est malheureusement souvent le cas, *activité* et *dose*.

- L'activité est la mesure du nombre de désintégrations par seconde intervenant dans une matière donnée contenant des produits radioactifs : on l'exprime en *becquerels.* Par exemple, une activité de 100 becquerels signifie que 100 désintégrations par seconde peuvent être décomptées. L'activité exprime un risque potentiel.

- La dose est la mesure de l'énergie effectivement déposée par un rayonnement dans la matière vivante, c'est-à-dire du préjudice ; l'unité est le *gray* (joule par kilogramme). Quand on fait intervenir aussi, par un « facteur de qualité », la nocivité plus grande de certains types de rayonnements comparés à d'autres (par exemple les rayonnements alpha), on l'exprime en *sieverts.* Pour passer d'une activité à une dose il faut prendre en compte, d'une part, le fait que les rayonnements sont émis dans toutes les directions et que seule une partie d'entre eux seront reçus par l'organisme considéré, d'autre part, le fait que l'énergie de la particule éjectée peut être très différente d'un noyau radioactif à l'autre ; par exemple, l'énergie des particules alpha du plutonium est bien plus grande que l'énergie des particules bêta du tritium (hydrogène 3).

La deuxième notion à retenir est que l'effet des fortes doses n'a pas le même caractère que celui des faibles doses.

- On est sûr que l'effet d'une forte dose (forcément accidentelle) sera observé ; sa gravité et le laps de temps au bout duquel il apparaîtra seront directement liés à la dose reçue. On dit qu'un tel effet est *déterministe,* c'est-à-dire certain.
- En revanche l'effet des faibles doses est *stochastique,* c'est-à-dire aléatoire : il a peu de chance d'être observé — et d'autant moins que la dose reçue est faible — mais s'il se produit — parfois des dizaines d'années après l'irradiation — sa gravité sera la même quelle que soit la dose (il s'agit d'un cancer).

Les pouvoirs publics ont fixé des normes à ne pas dépasser : elles sont établies en fonction de la connaissance que nous avons des effets des faibles doses et des recommandations de la Commission internationale de protection radiologique (CIPR).

La connaissance de l'effet stochastique des doses « moyennement » faibles a été obtenue par des expériences sur des animaux et par l'observation de populations irradiées à l'époque où les précautions étaient moins strictes qu'aujourd'hui, par exemple la population des mineurs d'uranium. Cela a permis d'établir des « courbes de risque » en fonction de la dose. Des études se poursuivent pour en améliorer la précision.

Pour les très faibles doses, cette connaissance est pratiquement impossible à acquérir : les très rares effets possibles (cancers) ne peuvent pas être décelés parmi des cancers beaucoup plus fréquents ayant d'autres origines. Par prudence, on extrapole de façon la plus pessimiste possible les courbes résultant des études des doses pas trop faibles, de façon à être sûr de majorer l'évaluation du risque nucléaire. Et de là, on fixe des seuils tels que ce risque nucléaire soit peu important en regard des autres risques qu'accepte la société.

En France, ces seuils sont actuellement :

- 5 milli-sieverts par an pour le public ;
- 50 milli-sieverts par an pour les travailleurs du secteur nucléaire (bénéficiant d'un suivi médical systématique, donc d'un diagnostic éventuel plus rapide).

A partir de considérations similaires, des normes très prudentes et strictes ont été édictées en ce qui concerne les autorisations de rejets de produits radioactifs dans l'environnement par l'industrie nucléaire, notamment les centrales.

Le danger des rayonnements est, certes, bien réel, mais il est aujourd'hui bien compris et la société s'est donné les moyens de le contrôler et de le maîtriser.

Avant de clore ce chapitre, il paraît important d'attirer l'attention du lecteur sur le fait que la radioactivité n'a pas que des implications négatives. Au contraire, en sciences et en médecine, ce phénomène a trouvé de nombreuses applications. En voici quelques exemples, certainement pas exhaustifs.

1. *La datation d'objets anciens,* par exemple la méthode du carbone 14 très utilisée par les archéologues : il se trouve que le carbone de l'atmosphère et, par conséquent, celui des plantes et des animaux qui l'absorbent contient une petite proportion d'isotope 14 radioactif. Après la mort de la matière vivante, celui-ci disparaît avec une période de 5 700 ans. En mesurant la quantité de carbone 14 qui reste et en appliquant la loi de la radioactivité, on obtient l'âge de cette matière, donc celui des objets anciens contenant des vestiges animaux ou végétaux. Par des techniques analogues mais utilisant d'autres noyaux radioactifs, les géologues peuvent dater des terrains.

2. *Les traceurs* sont souvent utilisés par les biologistes qui s'intéressent au devenir des produits absorbés par les organismes vivants. On peut, par exemple, « marquer » les molécules étudiées en y remplaçant quelques atomes d'hydrogène par du tritium, isotope 3 radioactif de l'hydrogène. Cela ne change en rien les propriétés chimiques des molécules, donc le devenir des produits dans l'organisme. Après injection, un simple détecteur de rayonnement permet de « suivre à la trace » ces molécules. Et comme les détecteurs sont sensibles, on peut se limiter à des quantités suffisamment faibles d'isotopes radioactifs pour que l'opération ne présente aucun danger.

3. *La scintigraphie* est une extension de cette technique et de celle de l'imagerie par rayons X : en repérant avec précision la direction des rayonnements, on obtiendra une image des organes internes (le cerveau, par exemple) ayant assimilé le produit radioactif.

4. *L'utilisation du pouvoir destructeur des rayonnements* a plusieurs applications. Citons, par exemple, en médecine, l'utilisation du cobalt 60 parmi les thérapies du cancer : les cellules cancéreuses, plus fragiles, peuvent être détruites par les rayonnements gamma du cobalt sans que les cellules saines avoisinantes ne soient trop atteintes. Un autre exemple est celui de la destruction, par irradiation gamma, des micro-organismes risquant de compromettre la conservation des produits de l'agriculture : cette stérilisation ne présente aucun risque pour le consommateur, puisque ces rayons gamma n'induisent aucune radioactivité dans les produits irradiés ! De façon analogue, la détérioration d'objets archéologiques présentant un intérêt particulier peut être enrayée : c'est ainsi que la momie du pharaon Ramsès II qui régna en Egypte de 1301 à 1235 avant J.-C. fut préservée des ravages du temps.

5. *Les sources d'énergie,* pour certaines applications spécifiques, peuvent être constituées d'un produit radioactif : c'est ainsi que le plutonium 238 a été utilisé dans les stimulateurs cardiaques pour éviter d'avoir à changer trop souvent les piles (aujourd'hui, on sait faire des piles chimiques à très longue durée de vie). Autre exemple, celui des engins qui ont exploré les confins du système solaire, trop loin du soleil pour que des panneaux solaires puissent être efficaces : un générateur utilisant un isotope radioactif bien choisi (par exemple, à nouveau, le plutonium 238) est susceptible de fournir l'énergie à bord pendant toute la durée de la mission.

6. Le dernier exemple d'utilisation de la radioactivité nous ramènera aux réacteurs nucléaires : *la source de neutrons.* Nous savons que, dans un réacteur, ce sont les fissions elles-mêmes qui fournissent les neutrons nécessaires pour induire de nouvelles fissions. Mais, de même qu'il faut une allumette pour démarrer

un feu, il faut disposer de quelques neutrons ayant une autre origine pour initialiser une réaction en chaîne de fissions. C'est un processus radioactif qui va fournir cette source de neutrons indépendante. On utilise le plus souvent le béryllium qui, irradié par des rayonnements alpha ou gamma, subit une réaction nucléaire produisant un neutron. Par exemple, en mélangeant avec le béryllium un produit radioactif alpha (émettant des particules alpha qui ne sont autres que des noyaux d'hélium 4) on produit des neutrons par la réaction suivante :

Béryllium 9 + Hélium 4 → Carbone 12 + Neutron

Une des réactions produisant un neutron

Nous voyons donc que de nombreux acteurs de la recherche, de la médecine et de l'industrie sont des utilisateurs de produits radioactifs ou *radioéléments.* C'est dire que, outre la production d'énergie, l'industrie nucléaire est aussi fabricant de ces divers radioéléments. Des réacteurs de recherche, comme *Osiris* à Saclay (Essonne), sont entre autres dévolus à ce rôle.

## Chapitre VII

# LE DÉVELOPPEMENT DES RÉACTEURS NUCLÉAIRES

Ce chapitre se propose de retracer à grands traits l'histoire de la physique nucléaire et de fixer quelques jalons des développements que cette science a permis pour la production d'énergie d'origine nucléaire.

Il est de tradition de faire débuter cette histoire à 1896, date à laquelle Henri Becquerel qui avait rangé dans ses tiroirs des échantillons d'uranium au voisinage de plaques photographiques remarqua que ces dernières avaient été voilées : cela l'amena à la découverte de la *radioactivité naturelle.*

Il fallut trente ans pour bien comprendre ce dont il s'agissait et élaborer la connaissance de la structure des atomes telle que nous l'avons décrite dans le troisième chapitre. En effet, c'est la découverte du *neutron* par James Chadwick en 1932 qui apporta la preuve que cette particule était l'un des constituants des noyaux : l'action des rayonnements alpha sur le béryllium conduisait à un rayonnement nouveau qui ne pouvait être assimilé à aucun des rayonnements alors connus, alpha, bêta et gamma. (Ce physicien anglais réalisa la réaction indiquée à la fin du chapitre précédent et que nous utilisons aujourd'hui encore pour produire des neutrons.)

Deux ans plus tard (1934), à Paris, Frédéric Joliot produisait le premier noyau radioactif artificiel : en envoyant des particules alpha sur l'aluminium, il forma du phosphore 30, émetteur bêta plus. Ce fut la découverte de la *radioactivité artificielle.*

Aluminium 27 + Hélium 4 → Phosphore 30 + Neutron

Production du phosphore 30,
premier noyau radioactif artificiel ($\beta^+$)

Durant les quelques années qui ont précédé la guerre, une intense activité de recherche fut menée, notamment en France, en Allemagne et en Grande-Bretagne. Après avoir exploré les effets des particules alpha sur les différents éléments, on explora ceux des neutrons : l'absorption par les noyaux de ces particules sans charge électrique est aisée et permet de créer de nouveaux noyaux. En particulier Enrico Fermi bombarda l'uranium par des neutrons, espérant ainsi prolonger la classification de Mendeleïev, mais les résultats mirent en évidence un phénomène plus complexe que celui auquel il s'attendait...

Il fallut près de cinq ans pour résoudre cette énigme : le mérite en revint à l'équipe allemande de Otto Hahn, Fritz Strassmann et Lise Meitner. Ils repérèrent du baryum parmi les produits de la réaction : c'était la preuve de la brisure du noyau et la découverte de la *fission,* et du prodigieux dégagement d'énergie qui l'accompagne.

L'expérience fut reprise dans différents laboratoires. En mars 1939, Frédéric Joliot et son équipe (Hans Halban, Lew Kowarski...) mettent en évidence l'*émission de neutrons secondaires* lors de la fission, devançant de huit jours l'équipe d'Enrico Fermi et de Léo Szilard réfugiés aux Etats-Unis.

Les conséquences en furent très vite comprises : dès le mois de mai, Joliot et ses collaborateurs (avec Francis Perrin qui introduisit le concept de taille critique, associé à celui de condition critique — *cf.* p. 49) déposèrent les *brevets* d'une machine que nous appellerions aujourd'hui « réacteur nucléaire ». Il est remarquable que la plupart des principes du fonctionnement y soient décrits.

La déclaration des hostilités bouleversa le contexte des recherches : les scientifiques savaient maintenant que la fission pouvait être à la base d'une arme redoutable et Léo Szilard leur demanda d'arrêter toute publication à ce sujet. Sur son intervention et celle d'Eugène Wigner, Albert Einstein adressa le 2 août 1939 une lettre de mise en garde au président Franklin Roosevelt, l'informant de cette perspective.

Hantés par une avance possible des travaux allemands dans ce domaine (c'était, on l'a su plus tard, une crainte sans objet, car les chercheurs allemands furent loin d'aboutir), les Etats-Unis, en collaboration plus ou moins étroite avec le Canada et la Grande-Bretagne (où s'étaient réfugiés la plupart des « atomistes » français), se lancèrent dans une gigantesque entreprise : le programme Manhattan destiné à mettre au point l'*arme nucléaire.*

Les deux voies possibles, uranium et plutonium, furent explorées simultanément. La première, nécessitant une coûteuse séparation isotopique de l'uranium 235, aboutit à la bombe de Hiroshima (6 août 1945). La voie du plutonium fut ouverte par Glenn Seaborg qui découvrit cet élément artificiel en 1940. Le plutonium 239, aux propriétés similaires à celles de l'uranium 235, fut utilisé pour la première explosion expérimentale d'Alamogordo (Nouveau-Mexique) le 16 juillet 1945 et celle qui détruisit Nagasaki (9 août 1945).

Le plutonium 239 est un sous-produit formé par les neutrons dans un réacteur (nous en reparlerons dans un instant). La voie du plutonium passait donc par celle de la *réaction en chaîne contrôlée* : cette dernière fut ouverte par Fermi à Chicago le 2 décembre 1942. Fermi empila des barreaux d'uranium naturel dans des briques de graphite jusqu'à atteindre la condition critique, d'où le terme de « pile atomique » parfois encore utilisé. Cette pile CP1 (Chicago Pile n° 1) fut suivie de CP2, X-10, puis des puissantes piles de Hanford destinées à fournir le plutonium.

Après la guerre, les principales puissances poursuivirent des recherches militaires, avec notamment la mise au point de la bombe H (à fusion), encore plus destructrice que la bombe A (à fission).

Mais de nombreux pays décidèrent d'étudier l'utilisation pacifique de l'énergie nucléaire. Beaucoup d'informations, jusque-là tenues secrètes, furent échangées lors de la première grande conférence internationale qui se tint à Genève en 1955. Par la suite, de nombreux congrès furent organisés et, aujourd'hui, les spécialistes des réacteurs connaissent les travaux menés par leurs collègues.

En France, l'ordonnance du 18 octobre 1945 signée par Charles de Gaulle créa le *Commissariat à l'énergie atomique* (CEA) avec Frédéric Joliot à sa tête. La « divergence » (établissement d'une réaction en chaîne) de la première « pile » française, *Zoé,* à uranium naturel et eau lourde, eut lieu le 15 décembre 1948 à Fontenay-aux-Roses dans la banlieue parisienne. Elle fonctionnera pendant plus de vingt-cinq ans et est aujourd'hui le centre d'un musée de l'atome où l'on pourra trouver de nombreux détails sur l'histoire de la physique nucléaire et des réacteurs.

Nous ne pouvons pas clore cette esquisse des débuts de l'énergie nucléaire sans évoquer les *réacteurs d'Oklo,* au Gabon, découverts en 1972. Ce phénomène nous a rendu modestes : près de deux milliards d'années avant nous, la nature a inventé les réacteurs nucléaires !

Le gisement d'uranium d'Oklo présente des circonstances tout à fait exceptionnelles. La première est qu'il est fort ancien, puisqu'il s'est mis en place il y donc deux milliards d'années. Le lecteur se rappelle peut-être (voir la p. 63) que l'uranium est (légèrement) radioactif, l'isotope 235 disparaissant plus vite que l'isotope 238. Si nous utilisons la loi de la radioactivité — mais en *remontant* dans le temps — nous pouvons calculer que l'uranium naturel était autrefois plus riche qu'aujourd'hui en isotope 235 ; à l'époque, il y avait 3% d'uranium 235 contre 0,7% aujourd'hui.

La deuxième circonstance exceptionnelle est la forte teneur de l'uranium dans le terrain d'Oklo, parfois plusieurs dizaines de pour cent, alors que les teneurs usuelles sont de quelques pour mille.

Si nous notons, enfin, le fait que de l'eau imprègne tous les terrains, nous voyons que tous les « ingrédients » d'un réacteur à eau étaient réunis : de l'uranium suffisamment riche et un modérateur.

Et effectivement, des réactions en chaîne se sont produites... Des indices incontestables en ont apporté le témoignage : uranium appauvri par rapport à la teneur habituelle — preuve d'une combustion de l'uranium 235 — et produits de fission — preuve que cette combustion s'est faite par fissions. La troisième circonstance exceptionnelle est que ces preuves sont restées jusqu'à aujourd'hui, ce qui nous a permis de découvrir le phénomène : il est rare qu'un terrain géologique soit si peu remanié pendant une aussi longue période.

Pour en revenir aux années d'après guerre et aux développements de l'énergie nucléaire pacifique, rappelons que différents types de réacteurs ou *filières* sont possibles.

La voie des réacteurs à neutrons thermiques est basée sur l'utilisation d'un modérateur pour ralentir les neutrons. En pratique, on peut adopter l'eau lourde, le graphite ou l'eau ordinaire. Si les deux premiers permettent de s'accommoder de l'uranium naturel, l'eau ordinaire nécessite impérativement un combustible plus riche que l'uranium naturel, contenant au moins 2 à 3% de noyaux fissiles.

Dans la voie des réacteurs à neutrons rapides, on évite, au contraire, de ralentir les neutrons, mais cela oblige à prendre un combustible riche, contenant au moins 10 à 20% de noyaux fissiles.

Les Etats-Unis, qui avaient appris à enrichir l'uranium dans le cadre du programme Manhattan, optèrent d'emblée pour la filière des réacteurs à eau, sans négliger toutefois celle des réacteurs à neutrons rapides (le réacteur EBR-1 qui fut, en 1951, le premier à produire de l'électricité d'origine nucléaire était de ce type). Malgré un net ralentissement ces dernières années, ce pays reste le plus gros producteur d'électricité nucléaire.

L'URSS, pour des raisons similaires, adopta aussi des réacteurs à uranium légèrement enrichi, soit modérés au graphite et refroidis à l'eau (choix malencontreux comme l'a montré la catastrophe de Tchernobyl), soit à eau sous pression. Elle s'intéressa aussi aux réacteurs à neutrons rapides.

Trois autres pays occidentaux ne maîtrisant pas, à l'époque, la technique de l'enrichissement, choisirent des filières à uranium naturel. Le Canada développa des réacteurs à eau lourde et est resté fidèle à cette technique. La France, comme la Grande-Bretagne, s'orientèrent, pour la production d'électricité, vers la filière des réacteurs à uranium naturel et graphite. (La possibilité de produire, dans ces réacteurs, du plutonium pouvant avoir une application militaire orienta vraisemblablement aussi ce choix.)

La Grande-Bretagne développa ensuite une filière à graphite plus performante utilisant de l'uranium légèrement enrichi, puis, compte tenu de ses ressources en énergie fossile, arrêta pratiquement son programme d'équipement nucléaire. Le prolongement de la filière des réacteurs à graphite est celle des réacteurs à haute température permettant de meilleurs rendements : à l'heure actuelle, seuls quelques prototypes (en Allemagne notamment) ont vu le jour.

La France construisit six réacteurs à graphite et à uranium naturel et s'intéressa un moment à la filière à eau lourde. A la fin des années 1960, fut prise la décision d'un ambitieux programme d'équipement de réacteurs à eau sous pression, construits d'abord sous licence Westinghouse (Etats-Unis), puis petit à petit « francisés » par la société Framatome. Elle est aujourd'hui le pays qui produit la plus importante proportion de son électricité (les trois quarts) par l'énergie de fission. En parallèle, un effort important s'est maintenu sur le développement de la filière à neutrons rapides, concrétisé aujourd'hui par les centrales de Marcoule (Phénix) et Creys-Malville (Superphénix).

Au cours des années, le « club » des puissances nucléaires s'est agrandi : le Japon, l'Allemagne... font aujourd'hui partie des « grands » : voir le tableau ci-dessous.

Que de filières ! Comment choisir ? pensera peut-être le lecteur. Si la filière des réacteurs à eau est actuellement dominante, d'autres ont subsisté et peut-être la supplanteront. Et il est vrai que le choix n'est pas simple, car chaque type de réacteur a des avantages et des inconvénients.

| PAYS | Installé | | En construction | | En commande | | Elect. nuclé. |
|---|---|---|---|---|---|---|---|
| C.E.E. | 107,0 | (132) | 10,2 | (8) | 1,0 | (1) | 35 % |
| Etats-Unis | 101,1 | (110) | 9,6 | (8) | - | | 22 % |
| France | 57,7 | (56) | 7,1 | (5) | - | | 73 % |
| Japon | 35,8 | (46) | 7,8 | (8) | 0,8 | (1) | 26 % |
| Allemagne | 22,6 | (21) | - | | - | | 34 % |
| Russie | 18,9 | (28) | 11,7 | (13) | - | | 10 % |
| Canada | 14,9 | (21) | 0,9 | (1) | - | | 15 % |
| Royaume-Uni | 13,5 | (37) | 1,2 | (1) | - | | 24 % |
| Ukraine | 12,1 | (14) | 5,7 | (6) | - | | 30 % |
| Suède | 10,0 | (12) | - | | - | | 43 % |
| Corée du Sud | 7,2 | (9) | 4,4 | (5) | 1,3 | (2) | 50 % |
| Espagne | 7,1 | (9) | 1,9 | (2) | 1,0 | (1) | 35 % |
| Belgique | 5,5 | (7) | - | | - | | 61 % |
| Chine insulaire | 4,9 | (6) | - | | - | | 35 % |
| Bulgarie | 3,5 | (6) | - | | - | | 32 % |
| Suisse | 2,9 | (5) | - | | - | | 39 % |
| Lituanie | 2,8 | (2) | - | | - | | 60 % |
| Finlande | 2,3 | (4) | - | | - | | 33 % |
| Afrique du Sud | 1,8 | (2) | - | | - | | 6 % |
| Inde | 1,8 | (10) | 1,0 | (5) | 2,7 | (8) | 2 % |
| Hongrie | 1,7 | (4) | - | | - | | 50 % |
| Rép. Tchèque | 1,6 | (4) | 1,8 | (2) | - | | n.c. |
| Slovaquie | 1,6 | (4) | 1,6 | (4) | - | | n.c. |
| Argentine | 0,9 | (2) | 0,7 | (1) | - | | 15 % |
| Mexique | 0,7 | (1) | 0,7 | (1) | - | | 3 % |
| Brésil | 0,6 | (1) | 1,2 | (1) | - | | 1 % |
| Slovénie | 0,6 | (1) | - | | - | | 22 % |
| Pays-Bas | 0,5 | (2) | - | | - | | 5 % |
| Chine (R. P.) | 0,3 | (1) | 1,8 | (2) | - | | n.c. |
| Kazakhstan | 0,1 | (1) | - | | - | | n.c. |
| Pakistan | 0,1 | (1) | - | | 0,3 | (1) | 1 % |
| Italie | 0,0 | (0) | - | | - | | 0 % |
| Roumanie | - | | 3,1 | (5) | - | | - |
| Cuba | - | | 0,8 | (2) | - | | - |
| MONDE | 335,4 | (427) | 63,0 | (72) | 6,1 | (6) | 18 % |

Parc électronucléaire en service au 1er janvier 1993. GWe nets (nombre d'unités); part du nucléaire dans la production d'électricité en 1992.

La France, notamment, a « changé de cap » en 1970 comme nous l'avons vu : fallait-il poursuivre dans la voie des réacteurs à graphite volumineux et donc coûteux, mais permettant d'éviter l'enrichissement de l'uranium ? Fallait-il adopter les réacteurs à eau plus compacts et permettant de plus grandes puissances, mais obligeant à s'approvisionner ailleurs pour le combustible avant de

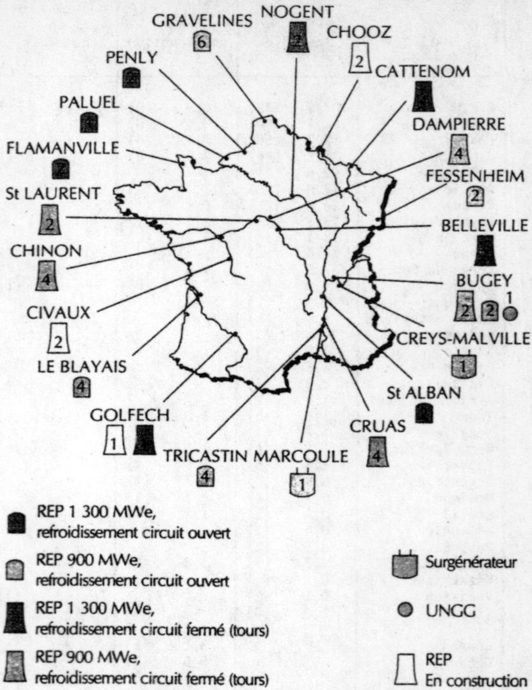


Carte des tranches électronucléaires en France.

créer une industrie d'enrichissement de l'uranium ? Questions difficiles, qui ont pu soulever des débats passionnés, qui, en tout cas, dépassent la seule compétence du technicien, car les implications industrielles, sociales ou politiques sont nombreuses.

Laissant à d'autres le soin d'argumenter ces problèmes, je compléterai ce que j'ai dit sur deux aspects techniques en partie liés, le plutonium et les réacteurs à neutrons rapides.

Nous avons vu en passant que le plutonium était un sous-produit de la réaction en chaîne. Comment se forme-t-il et quel est son intérêt ?

Rappelons que dans une réaction en chaîne, environ 2,4 neutrons sont émis (en moyenne) lors de chaque fission. Parmi eux, 1 neutron est nécessaire pour induire une nouvelle fission, c'est-à-dire entretenir une réaction en chaîne équilibrée. Les autres, soit 1,4 en moyenne, seront capturés par la matière du réacteur (ou de ses enveloppes) sans donner lieu à fission. Si ces captures, *a priori* stériles, peuvent présenter un intérêt, autant en profiter !

C'est notamment le cas si les neutrons sont capturés par l'uranium 238 : l'uranium 239 ainsi formé (uranium 238 auquel s'est ajouté un neutron) est radioactif : en quelques dizaines de minutes, il se transforme

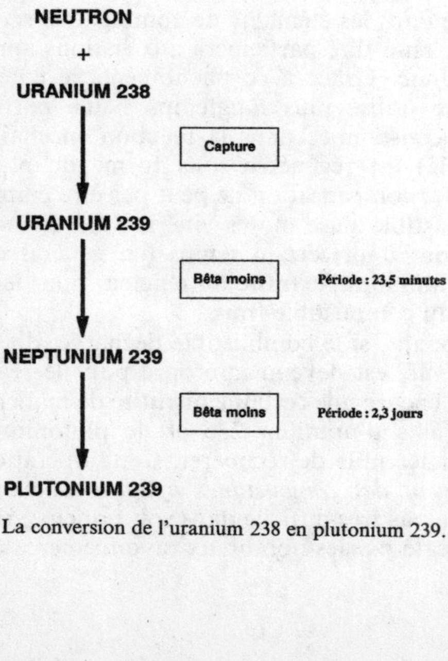


La conversion de l'uranium 238 en plutonium 239.

en neptunium 239, lui-même radioactif et donnant en quelques jours le plutonium 239.

Le plutonium (n° 94 dans la classification de Mendeleïev) est un élément artificiel : le plutonium 239, notamment, a une période de 24 000 ans trop courte pour qu'il ait pu subsister à l'échelle de l'âge de la Terre (plus de quatre milliards d'années) ; en revanche, cette période est gigantesque à notre échelle de temps et nous pouvons pratiquement considérer ce plutonium comme un noyau stable.

Ce noyau est très semblable à l'uranium 235 : comme ce dernier, il subit facilement la fission notamment par neutrons lents. Et comme ce dernier, il peut être utilisé dans une bombe... et dans un réacteur.

En pratique, il y a de l'uranium 238 en abondance dans les réacteurs et, donc, du plutonium s'y forme par ce mécanisme de *conversion.* Une partie du plutonium produite dans les éléments de combustible sera brûlée *in situ,* c'est-à-dire participera aux fissions après avoir été produite. Grâce à ce phénomène, le combustible peut être utilisé plus longtemps : une partie de la matière consommée dans la réaction en chaîne (uranium 235) est régénérée sous forme de plutonium. Mais cette compensation ne peut pas être complète : si le combustible s'use moins vite, il s'use quand même, et au bout d'un certain temps (en général quelques années) il faudra l'extraire du réacteur pour le remplacer par du combustible frais.

Cependant, si le combustible déchargé, dit *combustible irradié,* est devenu impropre pour le réacteur, il contient encore une certaine quantité de matière fissile, les reliquats d'uranium 235 et de plutonium qu'on peut estimer utile de récupérer. Cette opération est le *retraitement des combustibles irradiés,* une opération chimique pas très difficile dans son principe, mais rendue délicate par les nombreux rayonnements émis par cette matière irradiée. Certains pays ont renoncé (provisoirement ?) au retraitement, notamment les Etats-Unis. D'autres, comme la France, retraitent leur combustible nucléaire. Si cela présente l'intérêt indéniable d'une réduction du volume des déchets nucléaires, la motivation principale en est la récupération des matières fissiles, plutonium et accessoirement uranium.

Le plutonium issu du retraitement de combustibles irradiés peut être utilisé, *a priori*, dans n'importe quel type de réacteur : substitué à l'uranium 235, il permet de constituer de nouveaux éléments de combustible et d'économiser d'autant la consommation de l'uranium dont les réserves sont loin d'être inépuisables, ainsi que nous le verrons.

Cependant, c'est dans la filière des réacteurs à neutrons rapides que ce *recyclage du plutonium* est le plus judicieux. La raison en est simple : dans ce cas, et dans ce cas seulement, le nombre de neutrons émis en moyenne par fission est un peu plus élevé, ce qui laisse davantage de neutrons disponibles pour convertir de l'uranium 238 en plutonium : bien optimisé, un réacteur à neutrons rapides fonctionnant au plutonium peut en *produire plus* qu'il n'en consomme ! On dit que l'on a affaire à un *réacteur surgénérateur*.

C'est parce qu'elle a misé dès les débuts sur cette possibilité de surgénération que la France, notamment, a consenti d'importants développements à la filière des réacteurs à neutrons rapides à plutonium et aux opérations de retraitement.

Le développement de cette filière, séduisante sur le papier, ne s'est pas fait aussi rapidement qu'on l'avait escompté, en raison essentiellement de son coût par rapport à celui de la filière des réacteurs à eau sous pression. Ce handicap provient des différences technologiques et en particulier de l'utilisation, comme fluide caloporteur, du sodium, un métal liquide à la température de fonctionnement du réacteur.

Remarquons aussi que la surgénération sans retraitement systématique du combustible n'aurait pas de sens : il faut récupérer le plutonium fabriqué dans les réacteurs avant de le réutiliser ! En pratique, la surgénération ne peut être atteinte que si l'on place une *couverture* autour du cœur proprement dit. Un cœur de réacteur à neutrons rapides est très compact (puisqu'il n'y a pas de modérateur) ; de nombreux neutrons s'en échappent. La couverture est une enveloppe constituée d'uranium 238 où les neutrons qui s'enfuient du cœur sont récupérés et capturés pour fabriquer du plutonium 239. Au bout de quelques années d'irradiation, on retraitera la matière du cœur *et* de la couverture pour récupérer tout le plutonium.

Notons enfin que la surgénération cela n'a rien de miraculeux ! Dans un réacteur à neutrons thermiques, on parvient à brûler une bonne partie des 0,7 % d'uranium 235 de la matière naturelle et une toute petite

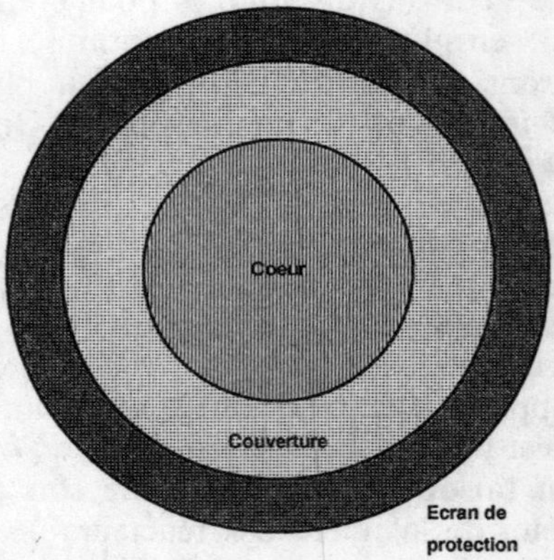


Schéma de principe d'un cœur de réacteur surgénérateur à neutrons rapides.

quantité d'uranium 238 après conversion en plutonium ; dans un réacteur à neutrons rapides, tout l'uranium 238 peut être à la longue converti en plutonium et finalement brûlé. On estime que l'on pourrait obtenir ainsi à partir de l'uranium naturel entre cinquante et cent fois plus d'énergie. Si l'homme n'invente pas entre-temps d'autres sources d'énergie (peut-être la fusion de l'hydrogène ?), il a là une possibilité qui repousse fort loin — certainement à plusieurs siècles — les risques de pénurie d'uranium.

Signalons aussi que dans le même esprit existe une autre voie mais qui n'a guère été développée jusqu'ici, celle du *thorium* et de *l'uranium 233*. Le thorium est l'élément 90, formé du seul isotope 232 : après capture d'un neutron et une chaîne similaire à celle du plutonium, il conduit à l'uranium 233, un isotope artificiel, fissile et doté d'intéressantes propriétés : avec des neutrons thermiques et un bon modérateur (graphite ou eau lourde) on pourrait atteindre la surgénération. Mais la difficulté sera de démarrer ce cycle puisque le thorium lui-même ne subit pratiquement pas la fission.

Chacun sait que des prédictions aussi lointaines sont parfaitement vaines : retenons seulement que des possibilités existent qui se réaliseront peut-être un jour, si l'évolution en décide ainsi. Dans les prochaines années, une certitude existe : les centrales actuelles deviendront obsolètes et très vraisemblablement seront remplacées par... de nouvelles centrales nucléaires, parce que les solutions alternatives ne sont pas prêtes.

Le cas de la France est caractéristique à cet égard : les nombreuses centrales construites dans les décennies 1970 et 1980 ont été conçues pour pouvoir fonctionner entre trente et quarante ans : au début du XXIe siècle il faudra les remplacer.

Sera-ce l'occasion de relancer le développement des réacteurs à neutrons rapides ? Il apparaît peu vraisemblable aujourd'hui que cette filière se développe vraiment à aussi court terme et plus probablement l'essentiel des nouvelles réalisations sera dans la filière actuelle principale des réacteurs à eau, sans doute améliorés par rapport à ceux de la précédente génération.

Notons à ce sujet que si, en France, un « effet de série » a certainement permis une sensible réduction des coûts, il n'a pas empêché une certaine évolution technologique. Par exemple, la production de plutonium des usines de retraitement est bien supérieure aux besoins des deux seules centrales françaises à neutrons rapides (Phénix et Superphénix) : cela a amené à recycler une partie du plutonium dans les réacteurs à eau. Sur le plan des principes physiques, c'est certainement moins séduisant que dans les réacteurs à neutrons rapides, mais dans l'état actuel des choses, c'était peut être mieux que de ne rien faire de ce plutonium... Ceci étant, les réacteurs à eau n'ont pas été conçus dans cette optique et pourraient sans aucun doute être optimisés pour mieux utiliser ce plutonium.

Le dossier des réacteurs du début du XXI^e^ siècle se prépare. Les aspects majeurs qu'on peut y repérer sont au nombre de trois : une plus grande souplesse d'exploitation, une meilleure utilisation de l'uranium naturel, une sûreté encore améliorée. Nous reviendrons sur ces points dans notre dernier chapitre.

Chapitre VIII

# LE CYCLE DU COMBUSTIBLE NUCLÉAIRE

Un pays qui décide de s'engager dans un programme d'équipement en énergie nucléaire doit se préoccuper du choix de la filière la plus judicieuse pour lui. Ce choix ne peut pas être indépendant des problèmes de combustible nucléaire : ainsi, nous avons vu que les orientations prises au sortir des années de guerre ont été directement liées à la possibilité qu'avait chacun des pays concernés d'enrichir, ou non, l'uranium (certains choix ont été infléchis aussi par des considérations militaires).

Toutes les opérations concernant le combustible nucléaire constituent ce que l'on appelle le *cycle*. Le cycle du combustible, centré sur la combustion dans les réacteurs, comprend toutes les opérations à faire en *amont* — approvisionnement et fabrication des éléments de combustible — puis en *aval* — traitement et conditionnement des matières irradiées. Nous le présenterons sur l'exemple de la principale filière française, celle des réacteurs à eau sous pression. Dans les autres cas, le cycle est similaire, hormis quelques étapes qui peuvent ne pas y apparaître, comme l'enrichissement s'il s'agit de réacteurs à uranium naturel.

Le schéma de la page 87 synthétise les différentes étapes du cycle du combustible, de la mine d'uranium jusqu'au stockage des déchets. Nous allons les examiner successivement. (En France, ces opérations, hormis l'étape réacteur, sont faites par la société COGEMA, filiale du CEA).

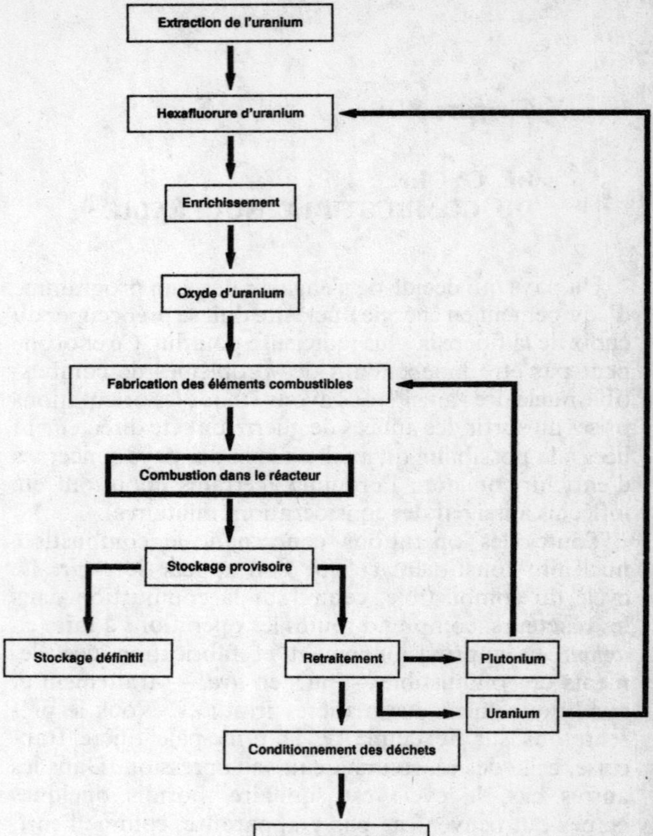


Le cycle du combustible nucléaire.

| PAYS | RRA | RSE | TOTAL |
|---|---|---|---|
| Australie | 469 + 60 | 390 | 919 |
| Niger | 166 + 7 | 306 | 479 |
| Canada | 146 + 68 | 229 | 443 |
| Afrique du Sud | 247 + 97 | 83 | 427 |
| Etats-Unis | 102 + 254 | 0 | 356 |
| Brésil | 162 + 0 | 94 | 256 |
| Namibie | 85 + 16 | 53 | 154 |
| France | 24 + 16 | 8 | 48 |
| Autres pays | 98 + 109 | 95 | 302 |
| Total | 1499 + 627 | 1258 | 3384 |

Ressources estimées d'uranium dans les pays à économie de marché (en milliers de tonnes d'uranium). [Evaluation OCDE/AEN et AIEA au 1er janvier 1991.] (RRA : ressources raisonnablement assurées à moins de 80 $/kg et entre 80 et 130 $/kg RSE : ressources supplémentaires estimées à moins de 130 $/kg.)

Le cycle commence par l'*extraction du minerai d'uranium* de carrières (exploitation à ciel ouvert après déblaiement des terrains stériles) ou de mines (exploitation en galeries souterraines).

L'extraction ne présente pas de difficulté particulière, hormis la nécessité d'une ventilation efficace dans le cas des mines : l'activité de l'uranium lui-même est faible, mais parmi ses descendants se trouve le radon, un gaz émetteur alpha qu'il convient de rapidement diluer.

Les teneurs des gisements d'uranium ne dépassent généralement pas quelques pour mille et une première *concentration* est faite sur place.

Les réserves d'uranium sont relativement réparties dans le monde. La France qui dispose de peu de charbon, pétrole ou gaz naturel sur son territoire a été, en revanche, assez bien pourvue par la nature en uranium (Massif central, Vendée...). Le tableau ci-dessus donne quelques chiffres sur les ressources prouvées ou estimées, exploitables à un coût inférieur à 130 $ par kilogramme d'uranium.

A titre de comparaison, les besoins annuels de la France sont actuellement de l'ordre de 7 200 t par an. S'il est difficile de faire des projections précises à long terme sur les développements de l'énergie nucléaire, il est clair, en tout cas, que les ressources d'uranium sont limitées et que dans le cadre des techniques actuelles n'utilisant en gros que l'isotope 235, la pénurie apparaîtrait dans le courant du XXIe siècle. Ce fut la motivation essentielle de l'effort entrepris par un certain nombre de pays, notamment européens, pour développer la filière des réacteurs à neutrons rapides permettant de brûler *tout* l'uranium.

Après purification, l'uranium est converti en *hexafluorure d'uranium,* molécule constituée de six atomes de fluor et d'un atome d'uranium : c'est la seule forme gazeuse suffisamment stable connue pour l'uranium. C'est sous cette forme qu'il pourra être traité dans une usine d'*enrichissement* ou de *séparation isotopique* destinée à accroître la teneur en isotope 235 par rapport à la teneur naturelle de 0,7 %. Plusieurs techniques existent. La plus utilisée actuellement, notamment dans l'usine française d'EURODIF, est la *diffusion gazeuse.*

Le principe consiste à faire passer l'hexafluorure à travers des barrières poreuses. Les molécules d'hexafluorure d'uranium 235, un tout petit peu plus légères que celles d'uranium 238, traversent un peu plus vite une barrière et, après passage, la teneur en uranium 235 est légèrement accrue. Un enrichissement appréciable n'est obtenu qu'après traversée d'un très grand nombre « d'étages ». Pour le combustible des réacteurs à eau, on s'arrête à une teneur de 3 à 4 % d'isotope 235 (ce qui nécessite plus de 1 000 étages !) ; pour d'autres utilisations (certains réacteurs de recherche, usages militaires), on peut monter jusqu'à un produit enrichi à plus de 90 %.

Le développement des *lasers* laisse espérer la mise au point de procédés de séparation isotopique moins gourmands en énergie. En France, un important programme de recherche a été entrepris sur ce thème au Commissariat à l'énergie atomique.

Après enrichissement de l'uranium, l'hexafluorure est converti en *oxyde* (molécules formées d'un atome d'uranium et de deux atomes d'oxygène). C'est une poudre qui va être compactée et *frittée* (chauffée pour lui donner une tenue mécanique suffisante) sous forme de pastilles ayant à peu près les dimensions d'un petit morceau de craie. Ces pastilles sont enfilées dans les *gaines* en zirconium pour former les crayons de combustible. Ces derniers seront réunis en « fagot » grâce à des *grilles* de maintien pour constituer les assemblages de combustible.

Vu la faible activité de l'uranium, ces opérations ne nécessitent pas de précautions radiologiques très strictes. Par contre, la fabrication de combustibles à plutonium (voir plus loin) nécessite de travailler derrière des écrans de protection contre les rayonnements.

L'étape suivante, au centre du cycle du combustible, est la *combustion dans le réacteur*. Dans un réacteur à eau sous pression, elle dure environ trois ans répartis en trois « cycles » annuels. (Attention à l'ambiguïté du mot ! Il s'agit ici de cycles *en* réacteur et non *hors* réacteur.)

Chaque année, on arrête le réacteur et on ouvre le couvercle de la cuve contenant le cœur après avoir pris soin de remplir d'eau le corps de bâtiment qui la contient pour éviter que des rayonnements ne s'échappent. Un tiers des assemblages, ceux qui ont séjourné trois ans dans le cœur, sont retirés et stockés provisoirement dans une « piscine » ; les deux autres tiers des assemblages, déjà irradiés pendant respectivement deux ans et un an, sont déplacés vers le centre du cœur et, enfin, on complète le chargement par un tiers d'assemblages neufs placés en périphérie. Ces re-positionnements (schéma ci-dessous) permettront d'uniformiser au mieux dans le cœur la distribution de puissance libérée par les fissions (des modes de fonctionnement sur quatre, voire cinq cycles, se mettent aussi progressivement en place).

Les assemblages irradiés extraits du cœur sont très radioactifs : ils contiennent un certain nombre de noyaux lourds artificiels, comme le plutonium, formés par transmutation après captures neutroniques et le plus souvent radioactifs alpha ; et, surtout, ils contiennent les produits de fission émetteurs bêta et gamma.

De plus, toute radioactivité étant un processus de libération d'énergie, une émission importante de chaleur subsiste au sein de ce combustible irradié.

Les assemblages irradiés sont d'abord entreposés pendant au moins six mois au fond d'une *piscine de désactivation* située dans le bâtiment du réacteur. Pendant ce laps de temps une partie appréciable de la radioactivité (et de la chaleur associée) va disparaître conformément à la loi de décroissance radioactive.

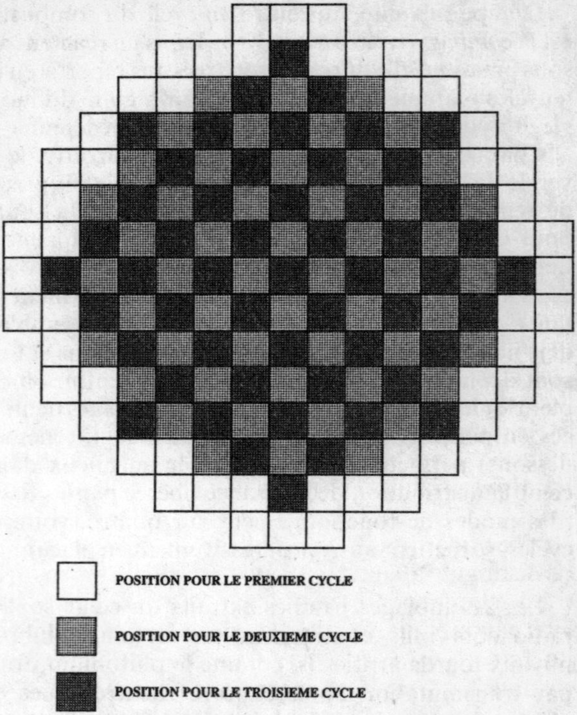


Schéma de re-positionnement des assemblages de combustible d'un réacteur à eau sous pression lors de chaque arrêt annuel.

Ils pourront alors être transportés : cela se fait dans des *châteaux*, conteneurs suffisamment solides pour résister en cas d'accident et munis des blindages nécessaires pour arrêter les rayonnements. Ces châteaux peuvent être chargés sur des camions ou des wagons de chemin de fer.

Une *alternative* se présente alors. Si l'on a décidé de ne pas retraiter le combustible irradié, les assemblages devront être entreposés d'abord sous surveillance, sous eau, puis éventuellement à sec, et ensuite sans surveillance dans un *stockage définitif.*

La France, actuellement, procède au *retraitement* : les principales usines faisant cette opération sont situées à La Hague, à la pointe de la presqu'île du Cotentin.

Les différentes étapes, cisaillage des assemblages, dissolution dans des solutions acides et séparation chimique des éléments, se font de façon entièrement automatique derrière des murs protégeant le personnel contre les rayonnements.

Le retraitement permet de séparer la matière récupérable pour un usage ultérieur — uranium et plutonium — et les déchets nucléaires — autres éléments lourds et produits de fission.

Nous abordons là le problème des *déchets nucléaires* (à distinguer de celui des rejets contrôlés dans l'environnement ne représentant qu'une très faible radioactivité par rapport à celle des déchets). Ce problème est du ressort, en France, de l'Agence nationale pour la gestion des déchets radioactifs (ANDRA).

Les diverses activités nucléaires produisent des déchets, mais la part majeure revient aux réacteurs. Ces déchets posent un problème de *conditionnement,* puis un problème de *stockage.*

Après séparation de l'uranium et du plutonium, les autres éléments lourds et les produits de fission représentent, pour les réacteurs à eau, une masse d'environ trois pour cent de celle du combustible irradié. Dans un premier temps, ils sont entreposés sous forme de solution liquide dans des cuves en acier à double paroi. Ils sont ensuite inclus dans des verres borosilicatés choisis pour leur bonne tenue vis-à-vis des agressions physico-chimiques. Cette opération est la *vitrification.*

Ces déchets de *très haute activité* ne sont pas les seuls qui doivent être conditionnés. Il y a aussi les déchets de *haute activité* constitués des structures des assemblages de combustible (gaines et embouts) : ceux-ci sont enrobés dans un ciment spécial ou conditionnés par fusion sous forme de lingots métalliques avant l'entreposage. Les déchets de *moyenne activité,* constitués notamment des résidus de traitement des fluides utilisés dans les réactions chimiques, et les déchets de *faible activité* (gants, filtres, chiffons, outillage contaminé...) sont enrobés, selon leur nature, dans un ciment, une résine thermodurcissable ou un bitume.

En ce qui concerne le stockage : si la teneur en émetteurs alpha de longues périodes est suffisamment faible, il se fait en surface ; le centre de stockage de la Manche (près de l'usine de La Hague), d'une capacité de 500 000 $m^3$ et maintenant saturé, est relayé par celui de Soulaines-Dhuys dans l'Aube. Dans quelques centaines d'années, la radioactivité des produits contenus sera devenue négligeable et ces sites pourront être « banalisés », c'est-à-dire rendus propres à un usage quelconque (agriculture, parcs, logements...).

Les produits contenant des quantités notables d'émetteurs alpha posent un problème à très long terme, puisque les périodes des ces produits sont souvent très importantes, se chiffrant parfois en millions d'années. C'est le cas des assemblages de combustible irradiés, si l'on renonce à les retraiter. S'ils sont retraités, c'est le cas en particulier des produits vitrifiés de très haute activité ; ceux-ci sont provisoirement entreposés dans des puits bétonnés et ventilés, au voisinage des ateliers de vitrification de Marcoule (Gard) et de La Hague.

Si elle n'est pas urgente — l'horizon est en général fixé vers 2010 —, une décision doit être prise. Une solution radicale serait l'envoi dans le Soleil, mais cela ne paraît guère réaliste vu les aléas des techniques spatiales. Celle qui semblerait la plus simple à mettre en œuvre serait l'enfouissement à quelques centaines de mètres de profondeur dans des formations géologiques stables et imperméables, en des sites où le risque de futures intrusions humaines est faible. On étudie aussi « l'incinération » en réacteur (ou par accélérateur de particules) de ces noyaux lourds : sous l'action des neutrons, ils subiraient finalement la fission, ce qui les transformerait en produits de fission dont les périodes sont plus courtes (moins de quelques dizaines d'années pour la plupart).

Ce problème — qui concerne les générations à venir — a donc pour nous des composantes à la fois techniques, sociales et éthiques.

Les produits utiles du retraitement sont l'uranium et le plutonium. Notons, pour fixer les idées, les ordres de grandeur pour les réacteurs à eau sous pression (schéma page ci-contre).

Considérons, par exemple, 100 kg d'uranium introduits dans un réacteur, contenant 3 kg d'uranium 235 et 97 kg d'uranium 238. (Ces 100 kg ont été obtenus en enrichissant 600 kg d'uranium naturel.) Ce combustible va passer trois années dans le cœur. Chaque année, environ 1 kg de noyaux lourds subit la fission, soit 3 kg en trois ans.

Pendant cette durée d'irradiation, 2 kg d'uranium 235 subiront la fission et il en restera 1 kg ; 2 kg d'uranium 238 seront convertis en plutonium et il en restera 95 kg. Sur les 2 kg de plutonium, 1 kg subira la fission (ce qui donne bien 3 kg pour la fission) et il en restera 1 kg.

L'uranium obtenu au retraitement est légèrement plus riche que l'uranium naturel et a donc une certaine

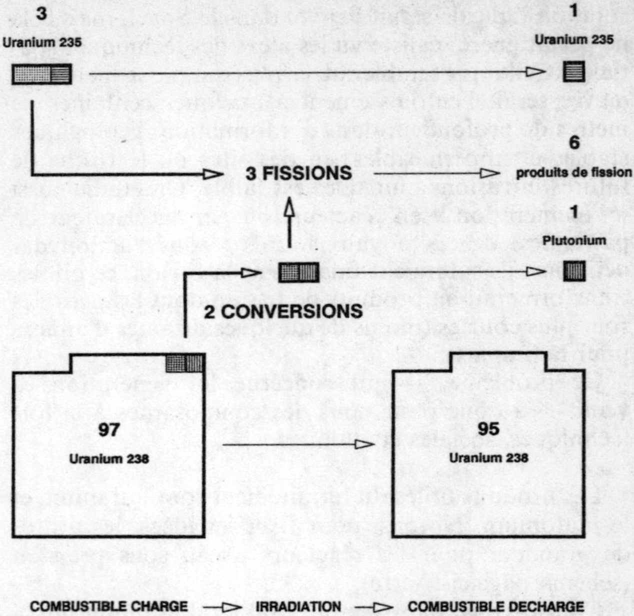


Bilan de l'irradiation d'un combustible de réacteur à eau sous pression.

valeur : on pourrait envisager de le renvoyer à l'usine d'enrichissement, mais on ne le fait pas actuellement, car cet uranium contient aussi quelques traces d'autres isotopes (artificiels) qui pollueraient l'usine ; pour l'instant il constitue une « réserve stratégique » en cas de crise.

Nous avons vu au chapitre précédent que c'est dans les réacteurs à neutrons rapides que l'utilisation du plutonium était la plus judicieuse. Mais cette filière n'est pas aujourd'hui suffisamment développée pour utiliser tout le plutonium produit par le retraitement du combustible des réacteurs à eau. C'est la raison qui a amené à démarrer un recyclage du plutonium dans les réacteurs à eau eux-mêmes.

Ce plutonium a une composition isotopique assez complexe (schéma ci-dessous) résultant de la longue durée d'irradiation et le rendant impropre à un usage militaire ; l'utilisation en réacteur est, en revanche, possible. Les caractéristiques nucléaires de cette matière (grande absorption neutronique) induisent quelques difficultés pour le recyclage dans les réacteurs à eau standards, mais ces difficultés ont été surmontées.

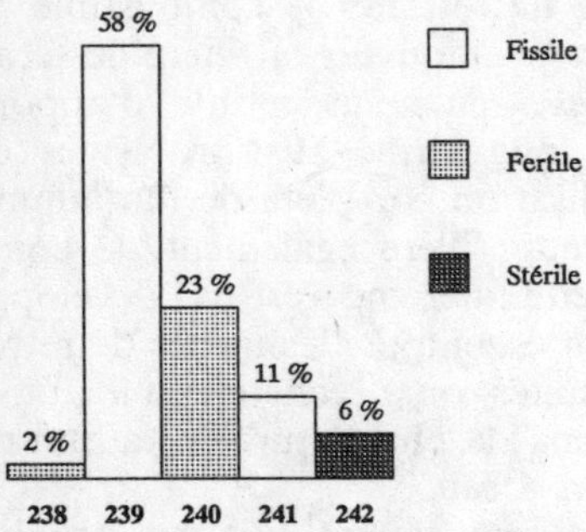


Composition isotopique du plutonium obtenu au retraitement du combustible des réacteurs à eau sous pression.

La valeur de ce plutonium n'est pas tout fait celle de l'uranium 235, car seuls les isotopes impairs subissent facilement la fission. C'est ainsi que pour constituer un nouveau combustible équivalent au combustible standard (uranium à 3 % d'isotope 235), il faut, par exemple, mélanger sous forme d'un oxyde mixte de l'uranium naturel avec 4,5 % de plutonium. C'est dire que l'opération, dans ces conditions, ne change pas réellement les données du problème ressources/consommation d'uranium : l'économie en matière première (uranium et travail de séparation isotopique) est de l'ordre de 20 à 30 %.

Certains spécialistes se sont même demandés si cette économie équilibrait le coût du retraitement et le surcoût de fabrication des assemblages à plutonium par rapport aux assemblages à uranium ! N'entrons pas dans ce débat économique difficilement objectif. Notons seulement que nous avons là un exemple caractéristique du « poids de l'histoire » si souvent présent dans l'évolution des programmes nucléaires comme dans bien d'autres décisions industrielles : la France a décidé de retraiter le combustible des réacteurs à eau pour promouvoir la filière des réacteurs à neutrons rapides, seule susceptible d'apporter une réponse à très long terme aux problèmes d'énergie grâce à une utilisation complète de l'uranium (si l'on retraite, dans cette filière également, le combustible irradié) ; mais cette filière ne s'est pas développée aussi vite qu'on l'avait escompté ; les usines de retraitement ayant été construites, on a recherché une autre utilisation du plutonium : la plus naturelle était un recyclage dans les réacteurs à eau.

Concluons en remarquant que les problèmes du retraitement et du plutonium seront forcément un élément important des réflexions sur les filières nucléaires de l'avenir.

Chapitre IX

# ATOUTS ET RISQUES DE L'ÉNERGIE NUCLÉAIRE

Pour ou contre l'énergie nucléaire ? Voilà une question qui a suscité et suscitera sans doute encore bien des controverses. Que d'opinions passionnées dans les deux camps, que d'avis définitifs et souvent peu rationnels !

Nous avons, au cours des chapitres précédents, décrit ce qu'est l'énergie nucléaire ; il nous reste à inventorier ses avantages et ses inconvénients : à chacun, ensuite, de les mettre dans la balance... pour arriver peut-être à une attitude plus nuancée.

Toute activité humaine vers un mieux s'accompagne de préjudices, toute machine ou usine conçue pour produire quelque chose donne aussi des sous-produits parfois utiles, souvent néfastes. C'est ainsi qu'une automobile « produit » un déplacement, mais aussi des gaz polluants ; les engrais accroissent les rendements agricoles, mais polluent les nappes phréatiques ; les voyages deviennent faciles, mais l'afflux des touristes dégrade les plus fameux sites ; la médecine permet de guérir de nombreuses maladies, mais soulève de nouveaux problèmes éthiques, vieillissement de la population, risques des manipulations génétiques...

L'industrie nucléaire n'échappe pas à cette règle générale : elle nous fournit de l'énergie, mais aussi des sous-produits. Ils sont essentiellement de deux types : chaleur non transformée en électricité et noyaux radioactifs.

Nous ne savons, malheureusement, que produire de la chaleur à partir de l'énergie de fission des noyaux lourds, et toute conversion de chaleur en une autre forme d'énergie, par exemple l'électricité, n'est que partielle. Dans les centrales nucléaires, notamment celles à eau sous pression, la température de la vapeur produite n'est pas très élevée (guère plus de 300 °C) et le rendement de la conversion n'est que d'un tiers. Autrement dit, les deux tiers de l'énergie produite par les fissions est perdue. C'est là l'origine de la *pollution thermique,* qui existe aussi pour les centrales à charbon, fioul ou gaz mais qui est un peu plus importante — dans l'état actuel des techniques — pour les centrales nucléaires. Cette chaleur résiduelle est évacuée au niveau du condenseur (voir le deuxième chapitre). Pour éviter les inconvénients écologiques d'un réchauffement excessif de l'environnement, on construit les centrales sur des sites où cette chaleur peut être dispersée. Trois cas se présentent (*cf.* carte p. 79) :

- le rivage de la mer : vu l'énorme masse d'eau, l'échauffement devient imperceptible au-delà de quelques kilomètres de la centrale ;
- le bord d'un fleuve important : là aussi l'échauffement est négligeable au-delà de quelques kilomètres ;
- la rive d'une rivière à moindre débit : on utilise alors des tours de refroidissement atmosphérique qui frappent en général les visiteurs par leurs dimensions impressionnantes (100 m de hauteur) et leur panache de brouillard.

Le principal autre sous-produit des centrales nucléaires est constitué des *noyaux radioactifs.* Rappelons qu'ils sont essentiellement de deux types : les produits de fission et les noyaux lourds artificiels. Il faut y rajouter quelques produits résultant de l'irradiation neutronique dans le cœur des matériaux autres que le combustible, par exemple le bore utilisé dans les réacteurs à eau pour ajuster la condition critique.

En situation normale, les produits de fission et les noyaux lourds restent confinés à l'intérieur de la gaine des crayons de combustible et les autres produits au sein du circuit primaire. C'est d'ailleurs pour cette raison que l'on a deux circuits dans les réacteurs à eau sous pression : la vapeur du circuit secondaire envoyée sur les turbines est exempte de toute radioactivité. (Ce n'est pas le cas pour l'autre variante des réacteurs à eau, dits « à eau bouillante », où la vapeur est formée directement dans le cœur, ce qui nécessite une protection des turbines.) De même, on a, dans les réacteurs à neutrons rapides, deux circuits successifs de sodium avant le troisième circuit eau-vapeur.

Seule une fraction d'isotopes radioactifs de gaz rares, difficiles à piéger à cause de leur inertie chimique, franchissent les gaines et les filtres d'épuration du circuit primaire : argon 41, xénon 133 et 135 et surtout krypton 85. Ils seront rejetés dans l'atmosphère par de hautes cheminées de façon à se disperser le plus rapidement possible. Le tritium (hydrogène 3), provenant du bore, est le principal composant actif des rejets liquides des réacteurs à eau. Les autres installations nucléaires, en particulier les usines de retraitement, relâchent aussi de petites quantités d'éléments actifs. Ces *effluents radioactifs liquides et gazeux* sont surveillés et ne doivent pas dépasser les normes de rejet autorisées par les pouvoirs publics après une étude d'impact sur l'environnement.

Pour donner une idée des ordres de grandeur, on peut signaler qu'une centrale à charbon rejette dans l'environnement plus de radioactivité qu'une centrale nucléaire ! Il s'agit alors de noyaux radioactifs naturels contenus dans le charbon et non créés par la centrale.

L'activité des produits confinés au sein du combustible est d'un tout autre ordre de grandeur. En l'absence de retraitement, les assemblages irradiés seront stockés tels quels. Un retraitement du combustible irradié permettra, en revanche, ainsi que nous l'avons vu, de trier les produits pour, d'une part, récupérer ceux qui sont précieux (uranium et surtout plutonium) et d'autre part, conditionner les autres pour le stockage. A ces produits de haute activité que sont les « cendres » de la combustion nucléaire, il convient d'ajouter une certaine quantité de produits d'activité moyenne et faible provenant des autres étapes du cycle du combustible : conversion, enrichissement, fabrication et retraitement. Le tableau suivant fixe les ordres de grandeur selon la catégorie : il s'agit des volumes des déchets, une fois enrobés, provenant des réacteurs à eau français, cumulés jusqu'à l'année indiquée.

Les produits radioactifs sont évidemment des déchets déplaisants. Mais le caractère pernicieux des rayonnements a incité à des efforts particuliers pour « gérer » ce risque. Le problème est grandement facilité par le fait que les volumes à traiter sont faibles en comparaison des déchets d'autre nature, domestique, chimique...

| Type de produits | 1985 | 1990 | 2000 |
|---|---|---|---|
| Produits de fission et noyaux lourds | 250 | 800 | 2 000 |
| Autres déchets de retraitement | 1 200 | 15 000 | 60 000 |
| Moyenne activité | 11 000 | 17 000 | 26 000 |
| Faible activité | 120 000 | 470 000 | 800 000 |

Volumes cumulés des déchets nucléaires, en mètres cubes, produits par la filière REP [source : ANDRA] (les estimations pour 2000 sont susceptibles d'évoluer avec les recherches sur le conditionnement des déchets).

Limitons-nous à deux exemples pour l'illustrer. La production, à partir des combustibles fossiles, de gaz carbonique ($CO_2$), contribuant à « l'effet de serre », dépasse en France et *par an* les 100 millions de tonnes de carbone contenu (sans le programme nucléaire, elle serait de 130 millions de tonnes). Les émissions d'oxyde de soufre ($SO_2$), associées au phénomène des pluies acides, ont été chiffrées à 1 272 000 t en 1989 (à comparer à 3 339 000 t en 1980, la réduction provenant en partie de la substitution de centrales nucléaires aux centrales à combustible fossile).

Ces chiffres nous rappellent une réalité associée à toute activité humaine : les *dommages à l'environnement* et les *risques*. L'industrie nucléaire n'échappe pas à cette contradiction que toute recherche d'un bénéfice n'est jamais sans quelques inconvénients. La seule attitude réaliste est de peser, dans chaque cas, le pour et le contre, et d'assumer les inconvénients en s'efforçant de les minimiser. C'est ainsi, par exemple, que notre société a « accepté » un grand nombre de blessés et de tués, chaque année, sur les routes en contrepartie d'une facilité de déplacements considérée comme nécessaire. Cependant les pouvoirs publics s'efforcent de mieux aménager le réseau routier pour en améliorer la sécurité.

L'analyse des avantages et des inconvénients doit amener les responsables à faire des choix : la comparaison de l'adaptation aux besoins, des coûts, des risques, etc. permet de choisir entre des investissements routiers et ferroviaires ; il en est de même, pour les problèmes d'approvisionnements énergétiques d'un pays.

Si les décisions sont du ressort des responsables, l'opinion, c'est-à-dire chaque personne qui se sent concernée, a en revanche un rôle à jouer dans l'argumentation et un avis à exprimer. Cela suppose la connaissance des problèmes. Outre celui des nuisances des sous-produits, que nous venons d'évoquer, les arguments en faveur ou en défaveur de l'énergie nucléaire se situent sur divers plans : la souplesse d'utilisation, l'adaptation aux besoins, les sujétions industrielles, les risques d'accident, les coûts, la dépendance vis-à-vis d'autres pays et les problèmes de prolifération.

Comme un véhicule ou toute autre machine, un réacteur nucléaire doit être *piloté* : c'est la fonction des techniciens qui se relaient en salle de commande vingt-quatre heures sur vingt-quatre. Rappelons que le réglage de la *condition critique,* c'est-à-dire de l'équilibre de la réaction en chaîne, se fait au moyen de matériaux capturant les neutrons qu'on insère dans le cœur ou qu'on extrait (voir p. 48). Ajoutons qu'un léger écart à l'équilibre est nécessaire pour augmenter ou diminuer le rythme de la réaction en chaîne donc le niveau de puissance. Du fait qu'une petite proportion des neutrons est émise avec un décalage de plusieurs secondes après la fission (par un processus de type radioactif), ces évolutions sont toujours relativement lentes et le pilotage ne présente pas de difficulté.

En fait, les contraintes proviennent plutôt de la tenue mécanique des éléments de combustible : des variations trop fréquentes et trop brutales de la puissance donc de la température risqueraient de fragiliser ces matériaux.

C'est dire que les centrales électronucléaires sont *moins souples* que les centrales à combustible classique. Elles sont mieux adaptées à un fonctionnement « en base » (à puissance constante). Néanmoins, on sait aujourd'hui moduler la puissance qu'elles fournissent en fonction de la demande d'électricité et, en particulier, leur faire suivre un « diagramme de charge » variable avec, par exemple, une puissance plus faible la nuit (quand la demande est faible) que le jour.

Il existe quelques applications particulières des réacteurs nucléaires comme la production de radioéléments ou l'obtention de faisceaux de neutrons pour des études de physique (telles l'imagerie comme avec la lumière, les rayons X ou les électrons). Mais leur objectif premier reste néanmoins la production d'énergie.

Avec les techniques actuelles, c'est exclusivement sous forme de chaleur que cette énergie est obtenue ; et cela restera certainement vrai dans l'avenir. Nous avons parfois besoin d'énergie directement sous cette forme, par exemple pour le chauffage de locaux, dans l'industrie chimique ou encore pour le dessalement d'eau de mer dans les pays disposant peu d'eau douce. Des projets en ce sens, voire quelques unités prototypes, ont effectivement vu le jour pour de telles applications. Cette utilisation de l'énergie de fission restera vraisemblablement assez marginale.

Dans les autres utilisations, la chaleur des fissions est d'abord convertie en une autre forme d'énergie, avec un rendement — nous l'avons vu — inévitablement faible : énergie mécanique (ou cinétique) grâce aux turbines, puis électricité grâce à l'alternateur. Aujourd'hui la quasi totalité de l'utilisation de l'énergie nucléaire passe, en effet, par l'*électricité,* la forme d'énergie facilement transportée et facilement convertie si nécessaire.

Malheureusement l'électricité a un gros inconvénient qui limite les usages possibles de l'énergie nucléaire : elle doit être utilisée au moment même où elle est produite, car elle est difficile à stocker. Certes on sait faire des batteries, mais celles-ci sont lourdes, encombrantes et emmagasinent peu d'énergie ; certes on peut concevoir d'autres modes de stockage : par exemple, le pompage d'eau dans des réservoirs pour utilisation ultérieure dans une usine hydroélectrique ou la fabrication d'un combustible chimique tel l'hydrogène. Tout cela est à l'heure actuelle assez marginal et d'importants secteurs industriels doivent faire appel à d'autres sources d'énergie : le meilleur exemple est celui des transports routiers gros consommateurs de pétrole (pour le transport ferroviaire, en revanche, l'électricité est bien adaptée).

Des pionniers de l'énergie nucléaire imaginaient de petits réacteurs pour propulser un avion, un train, voire une voiture ! Ces projets n'ont jamais vu le jour et cela pour une raison simple : s'il est effectivement possible de faire un réacteur de petites dimensions, on est obligé de l'entourer d'écrans de protection contre les rayonnements et les poids comme l'encombrement deviennent excessifs.

Il y a deux exceptions : des réacteurs pour satellites artificiels, placés au « nez » de l'engin de façon à n'avoir à mettre ces écrans que d'un seul côté (les rayonnements qui partent dans les autres directions n'ajoutent qu'une contribution négligeable au rayonnement ambiant des espaces interplanétaires !) ; la propulsion navale, car les contraintes de poids sont moins cruciales. Ce sont surtout des applications militaires qui ont été faites dans cette voie (voir, par exemple, le tableau ci-dessous).

| NOM | Année de mise en service |
|---|---|
| (Le Redoutable) | 1971 |
| Le Terrible | 1973 |
| Le Foudroyant | 1974 |
| L'Indomptable | 1976 |
| Le Tonnant | 1980 |
| L'Inflexible | 1985 |
| Le Triomphant | 1996 |

Dates d'entrée en service, effectives ou prévues, des sous-marins nucléaires français lanceurs d'engins.

Au niveau des *sujétions industrielles,* la production nucléaire d'électricité présente des avantages et des inconvénients.

Outre le problème des déchets radioactifs, on peut citer, pour les *inconvénients,* la lourde charge en termes d'investissements que représente la construction d'une centrale — nous y reviendrons — et la nécessité d'un certain nombre d'installations du cycle du combustible, en amont et en aval du réacteur (voir p. 87), dont doit se préoccuper un pays qui désire s'équiper en nucléaire. Ces problèmes représentent, dans le cas nucléaire, des installations d'une technologie complexe et coûteuse que seuls des pays fortement industrialisés ont développées. S'il s'agit, par exemple, de réacteurs à eau, il faut enrichir l'uranium. Pour recycler le plutonium et conditionner les déchets, on doit retraiter le combustible. Cette inévitable dépendance vis-à-vis des pays fournisseurs de technologie est souvent considérée comme un handicap par les pays en voie de développement économique.

Dans ces pays, la trop forte puissance unitaire des « tranches » nucléaires peut être aussi source de difficultés car non adaptée à des besoins en énergie souvent modestes ; par ailleurs, il faut que le réseau électrique « supporte » le couplage de la centrale et que d'autres installations (nucléaires ou non) puissent prendre le relais en cas d'arrêt normal ou non programmé. C'est la raison pour laquelle ces pays souhaitent généralement que l'on développe des réacteurs plus petits... ce qui n'a pas été la tendance des « grands » pays : de grosses centrales sont moins chères (si l'on rapporte le coût à la production) et permettent de limiter le nombre de sites nucléaires.

Pour les *avantages,* l'énergie nucléaire dispose d'un atout important : la *très faible masse de combustible,* et donc de *déchets,* car on passe de la tonne au gramme entre les combustions chimique et nucléaire (p. 37) ; illustrons-le par quelques chiffres : une grande centrale nucléaire (quatre tranches de 1 300 MW d'électricité) utilise, chaque *année,* 140 t d'uranium (enrichi à 3,1 % et produit à partir de 800 t d'uranium naturel) ; quelques voyages de camions suffisent pour cet approvisionnement. Pour une centrale à charbon de même puissance, il faudrait 12 millions de tonnes de charbon par an, soit environ dix trains de 3 000 t par *jour.*

Autre atout : l'*autonomie.* Un réacteur à eau, par exemple, peut fonctionner une année entière sans qu'il soit besoin de l'approvisionner en combustible... alors que, comme un poêle, la chaudière d'une centrale à combustible classique doit être alimentée en continu.

Cela s'est révélé aussi très intéressant pour la propulsion navale : un sous-marin classique ne peut rester plus de quelques heures en plongée profonde ; il n'y a pratiquement pas de limite pour un sous-marin nucléaire... si ce n'est la résistance nerveuse des membres de l'équipage ! La fission a ainsi permis de réaliser un vieux rêve de Jules Verne, comme l'ont reconnu les Américains qui ont baptisé *Nautilus* leur premier sous-marin nucléaire en hommage à *Vingt mille lieues sous les mers.*

C'est évidemment aux *risques* de l'énergie nucléaire que l'opinion publique reste la plus sensibilisée, notamment sur deux aspects : celui du devenir des déchets radioactifs et celui de l'éventualité d'un accident dans une installation nucléaire.

Nous ne reviendrons pas sur le premier que nous avons déjà traité, si ce n'est pour rappeler que les masses à traiter sont (relativement) faibles et que les solutions techniques existent — même s'il convient d'améliorer les solutions à long terme, car nous ne pouvons pas rester indifférents au problème des déchets que nous léguons à nos descendants. Il nous faut, en revanche, donner quelques détails sur les *analyses de sûreté des réacteurs nucléaires.*

Pour comprendre le problème des accidents potentiels d'un réacteur, il faut avoir présents à l'esprit deux aspects de la physique de ces machines, l'un favorable, l'autre défavorable.

L'aspect favorable est appelé *effet Doppler,* un effet grâce auquel un réacteur ne peut, en aucun cas, devenir une bombe atomique. S'il y a, pour une raison quelconque, libération intempestive de puissance, donc échauffement des matériaux, davantage de neutrons sont capturés et moins sont disponibles pour de nouvelles fissions ; le système réagit donc spontanément pour contrecarrer « l'excursion » de puissance : cet effet ralentit automatiquement une réaction en chaîne qui s'emballerait.

Grâce à l'effet Doppler, un réacteur est *stable* : toute perturbation s'annule sans que l'opérateur (ou un mécanisme) ait à intervenir. Les actions de pilotage ne sont pas nécessaires pour stabiliser la puissance à la valeur requise, mais seulement pour la modifier si on le souhaite.

L'aspect défavorable est la *puissance résiduelle* après arrêt de la réaction en chaîne. Une petite partie de l'énergie libérée dans le cœur provient des désintégrations radioactives des produits de fission ; lorsque la réaction est arrêtée, plus aucune fission ne se produit, mais ces désintégrations se poursuivent conformément à la loi de la radioactivité (voir p. 58). De l'ordre de 5 % de la puissance initiale juste après l'arrêt, cette puissance résiduelle ne décroît ensuite que lentement ; le chiffre passe à 2,5 % au bout d'une minute, 1 % au bout d'une heure, 0,6 % au bout d'un jour, 0,3 % au bout d'un mois, etc. Ces proportions paraissent faibles mais il ne faut pas oublier que ces pourcentages multiplient une puissance nominale considérable, par exemple 3 000 MW pour la centrale décrite au chapitre II.

L'émission de puissance résiduelle oblige à continuer à refroidir les éléments de combustible après tout arrêt normal ou accidentel, pour éviter un échauffement excessif risquant de les détériorer (et il faut continuer à assurer ce refroidissement après déchargement). C'est avant tout ce problème qui conditionne l'ensemble des procédures de sûreté.

Les *procédures de sûreté* interviennent à deux niveaux : la prévention des incidents et accidents ; la réduction des conséquences d'un accident au cas où il surviendrait en dépit du soin accordé à la prévention.

En ce qui concerne la *prévention,* l'effort porte d'une part sur la conception, d'autre part sur l'exploitation de la centrale. A la conception, on s'assure d'abord que les effets physiques favorables jouent efficacement ; outre l'effet Doppler, on examine aussi d'autres effets comme celui qu'occasionnerait une perte de réfrigérant (chacun sait qu'une fuite est un incident banal !). Les différents organes sont calculés pour pouvoir résister en cas d'incident, un séisme par exemple. Les composants les plus importants sont doublés, voire triplés pour pallier les défaillances possibles ; certains n'ont comme unique fonction que d'entrer en service en cas d'incident, par exemple le refroidissement de secours du cœur. Au niveau de l'exploitation, une surveillance électronique vérifie en permanence l'état des organes importants et interdit aux opérateurs toute fausse manœuvre. Si nécessaire, l'électronique provoque un rapide arrêt d'urgence (environ une seconde) par insertion des éléments de commande. Les incidents ont souvent comme origine une erreur humaine : un effort important est fait pour former le personnel, notamment grâce à des simulateurs, pour qu'il sache répondre à toute situation ; l'observation du travail des équipes a permis de nombreuses améliorations ergonomiques sur la présentation des informations en salle de commande et des procédures d'action. Notons, plus généralement, l'intérêt du retour d'expérience : tout incident, et *a fortiori* accident, est analysé ; c'est souvent une source précieuse d'enseignement pour améliorer, à l'avenir, la sûreté : par exemple, l'accident de Three Mile Island (28 mars 1979) a incité à beaucoup de recherches sur les aspects ergonomiques.

En ce qui concerne la *réduction des conséquences* d'un accident, l'effort est porté également au niveau de la conception et de l'exploitation. Ainsi, au niveau de la conception, trois barrières successives s'opposent au relâchement dans l'environnement de produits radioactifs en cas d'accident : sur un réacteur à eau, la gaine du combustible, les parois du circuit primaire et enfin l'enceinte de béton enfermant l'ensemble du réacteur et capable de résister à une surpression interne ou à la chute d'un avion sur la centrale. Il faudrait que ces trois barrières successives soient rompues pour que le public soit exposé aux radiations. L'expérience a montré l'utilité de cette troisième barrière : si l'on compare deux accidents de gravité équivalente, on constate que celui de la centrale américaine à eau sous pression de Three Mile Island n'a pas fait de victime, alors que chacun a en mémoire la catastrophe de Tchernobyl (Ukraine, 26 avril 1986), dramatique à cause d'une conception défaillante notamment par l'absence d'enceinte de confinement.

L'accident de Three Mile Island — résultant essentiellement d'une erreur de diagnostic des opérateurs à la suite d'un incident banal — a conduit à une fusion partielle du combustible du cœur. Lors de l'accident de Tchernobyl, une partie des produits hautement radioactifs du cœur a été dispersée par l'explosion ; les causes profondes de l'accident sont, outre la conception, le non-respect de consignes de sécurité de la part des opérateurs et une méconnaissance de la physique.

Les pouvoirs publics, en France notamment, se sont donné les moyens pour « gérer » une situation de crise : plans d'urgence, regroupement de moyens d'intervention et de secours, mobilisation de spécialistes capables d'évaluer la situation et son évolution grâce à des moyens d'information rapides... L'efficacité en est améliorée grâce à des exercices.

La pertinence des dispositions prises pour la prévention et la réduction des risques est évaluée par des *analyses de sûreté* dans lesquelles sont étudiés les scénarios même les plus pessimistes qui pourraient survenir, comme la rupture d'une grosse tuyauterie dans un réacteur à eau. En France, c'est l'Institut de protection et de sûreté nucléaire (IPSN), dépendant du CEA, qui en a la charge. Ce rôle d'*expert* suppose une connaissance approfondie des installations et de la physique. C'est en grande partie par ses propres travaux de recherche que cet institut acquiert cette connaissance : mieux connaître les phénomènes qui interviendraient en cas d'accident, élaborer des techniques de décontamination (épandage de produits ou choix de plantes fixant les radionucléides, décapages, etc.), améliorer les thérapies aux personnes accidentellement irradiées...

Cet institut donne un avis technique mais ne décide pas ; c'est la Direction de la sûreté des installations nucléaires (DSIN), placée au niveau du gouvernement (ministère de l'Industrie), qui *autorise* la construction et l'exploitation des « installations nucléaires de base », en particulier les réacteurs.

Et c'est l'exploitant qui est *responsable* de la sûreté, par exemple Electricité de France pour ses réacteurs : EDF propose, l'IPSN donne son avis et la DSIN décide. En pratique, de nombreuses discussions dans des groupes de travail spécialisés permettent d'élaborer la « doctrine » de sûreté (les impératifs à respecter), de concevoir les améliorations nécessaires pour satisfaire ces impératifs et enfin d'aboutir à un accord entre les trois parties.

Par ailleurs, le Service central de protection contre les rayonnements ionisants (SCPRI), dépendant du ministère de la Santé, définit les normes acceptables et s'assure de leur respect.

L'électricité peut être produite, comme nous le savons, à partir de diverses sources. Le *coût* est évidemment un élément important dans ce choix.

Un calcul économique du prix de revient d'un produit est souvent discutable, car le résultat dépend des hypothèses adoptées ; cette remarque s'applique notamment à l'électricité : c'est dire qu'il ne faut pas trop s'attacher à la précision apparente des chiffres que nous reportons ci-dessous (ENERPRESSE, 1993, évaluation pour la France). Cependant deux tendances générales ne prêtant guère à controverses peuvent être observées.

| | Investissement | Exploitation | Combustible | Total |
|---|---|---|---|---|
| NUCLEAIRE | 13,6 | 5,6 | 4,5 / 6,2 | 24,1 / 25,8 |
| CHARBON | 11,3 | 5,8 | 11,7 / 17,7 | 28,8 / 34,8 |
| GAZ | 5,9 | 2,4 | 21,1 / 27,4 | 29,4 / 35,7 |

Structures comparées du coût du kilowattheure (en centimes ; y compris 0,4 de R & D pour le nucléaire).

La première est que, dans la conjoncture française actuelle, l'électricité d'origine nucléaire est moins chère que celle obtenue à partir des autres sources fossiles, surtout en fonctionnement « en base ». Pour un fonctionnement en semi-base (entre 3 000 et 6 000 heures par an), elle est en compétition soit avec le charbon, soit avec le gaz, selon les hypothèses d'évolution à long terme des prix de ces deux énergies fossiles.

La seconde observation concerne la structure du coût : pour le charbon, et surtout pour le gaz, le poste le plus important est celui de l'approvisionnement en combustible ; pour le nucléaire, les postes exploitation et surtout investissement sont très sensiblement plus élevés — ce qui reflète le fait que la technologie nucléaire est plus délicate que la technologie des centrales classiques — mais, par contre, le poste combustible est faible. Ajoutons que dans ce poste l'approvisionnement en uranium ne représente que le quart. En conséquence, le coût de l'uranium, actuellement assez bas, car les capacités d'extraction dépassent la demande, pourrait augmenter sans répercussion importante sur le coût de l'électricité.

| | |
|---|---|
| **Uranium naturel :** | **24 %** |
| **Conversion :** | **4 %** |
| **Enrichissement :** | **31 %** |
| **Fabrication :** | **17 %** |
| **Aval du cycle :** | **24 %** |

Ventilation du coût du cycle du combustible nucléaire en France.

Cette remarque amène à évoquer le problème de la *dépendance énergétique* d'un pays vis-à-vis de ses fournisseurs.

On sait combien ce problème est important pour le pétrole que nous importons presque en totalité et pour lequel nous devons traiter avec des pays se trouvant dans des situations politiques souvent instables.

Le problème pour l'uranium est très différent : d'une part, il y a des réserves non négligeables en France, d'autre part les ressources sont assez bien réparties sur les cinq continents (voir le tableau de la p. 88).

Il serait difficile de clore ce chapitre « atouts et risques » sans parler d'un problème spécifique, le *risque de prolifération* : le développement des applications pacifiques de l'énergie nucléaire accroît-il le danger de dissémination des armes nucléaires ? Ce problème a deux aspects : l'obtention des matières nécessaires et la fabrication d'une bombe.

Dans son principe, le fonctionnement d'une bombe atomique (à fission) est semblable à celui d'un réacteur : une réaction en chaîne. Mais les conditions sont fort différentes en pratique : on recherche dans un réacteur une configuration propice à une réaction lente et facilement contrôlée ; dans une bombe, au contraire, c'est une configuration permettant une réaction très rapide et explosive qui est visée.

Dans un réacteur, on est toujours au voisinage de la condition critique, c'est-à-dire de l'équilibre de la réaction en chaîne (voir la p. 48) ; les variations de la puissance sont alors lentes (à l'échelle de la seconde ou plus), car la cinétique du système est gouvernée par les neutrons émis de façon retardée après la fission (p. 103). Si, par accident, une situation notablement surcritique (déséquilibrée) était atteinte, un rapide retour à la normale se ferait spontanément par effet Doppler (p. 108).

Dans une bombe, au contraire, on crée une configuration extrêmement surcritique où les variations se font à l'échelle du milliardième de seconde ! Ce n'est plus l'effet Doppler qui peut enrayer la « divergence » mais la volatilisation des matériaux due à l'énorme dégagement d'énergie de l'explosion nucléaire.

Les principes généraux d'une telle arme ne sont plus, depuis longtemps, des secrets. Les deux idées fondamentales sont les suivantes :

- Créer de façon quasiment instantanée une situation très surcritique. Concrètement, on part d'une disposition dispersée de la matière fissile et par un explosif (classique) on la concentre.
- Injecter alors dans le système les neutrons qui vont initialiser la réaction en chaîne divergente. Concrètement il faut disposer d'une source capable de produire les neutrons à l'instant précis où l'explosion a rassemblé la matière fissile.

La mise en œuvre de ces principes suppose une technologie avancée de la part d'un pays visant la réalisation d'armes nucléaires : même un engin « rustique » n'est pas simple ; c'est vrai *a fortiori* si on veut l'optimiser : plus forte puissance, miniaturisation pour l'envoi par un missile, recherche d'effets spécifiques (bombe « à neutrons », par exemple), mise en œuvre de réactions de fusion (voir la p. 41)...

L'obtention des matières fissiles est la deuxième difficulté d'une telle entreprise. Là, comme pour les réacteurs, deux voies sont possibles :

- La voie de l'uranium enrichi : elle suppose la maîtrise des techniques de séparation isotopique, d'autant plus difficiles que l'on doit viser une teneur très élevée en isotope 235, au moins 95 % pour cette application.
- La voie du plutonium : rappelons que celui-ci est obtenu par conversion de l'uranium 238 (voir la p. 80), ce qui suppose des réacteurs et la capacité de retraiter les matières irradiées. Ajoutons que le plutonium doit être très pur en isotope 239 pour une application militaire (alors que les réacteurs s'accommodent d'un plutonium de « mauvaise » qualité), car le plutonium 240 émet de façon spontanée quelques neutrons qui feraient démarrer prématurément la réaction en chaîne au détriment de son efficacité. En pratique, cela nécessite que l'uranium 238 soit peu irradié avant d'être retraité (ce n'est pas le cas, par exemple, dans les réacteurs à eau comme le montre le schéma de la p. 96). Une voie analogue est celle de l'uranium 233 produit par irradiation du thorium : cette matière est moins efficace que les deux autres (pour l'usage militaire) et les difficultés pour l'obtenir sont du même ordre.

Toutes ces difficultés sont réelles, mais peuvent être surmontées. C'est pour cette raison que l'Organisation des Nations Unies s'est donné les moyens de contrôler les matières et installations nucléaires : c'est un des rôles importants de l'*Agence internationale de l'énergie atomique* (AIEA, créée en 1957) dont le siège est à Vienne (Autriche). Dans le cadre du Traité de non-prolifération (1970) la plupart des pays ont accepté de se soumettre à ce contrôle.

Le contrôle ne se limite d'ailleurs pas aux matières fissiles mais concerne toutes les matières nucléaires, car des actes de malveillance peuvent s'exercer à tous niveaux. En France, la surveillance des installations, des transports et des matières a été déléguée par l'AIEA à l'IPSN.

Les pays exportateurs de technologie nucléaire, la France notamment, sont sensibilisés à ces risques et ont cherché à harmoniser leur politique de vigilance dans les clauses des contrats signés avec les pays importateurs.

Dans les années qui ont suivi la guerre, les grandes puissances qui étaient devenues capables de maîtriser cette énergie nouvelle, celle des noyaux des atomes, ont souhaité conserver ce monopole. Le réalisme leur a montré que le développement nucléaire était inéluctable à terme : le monopole a évolué vers un contrôle des activités nucléaires.

L'énergie nucléaire a donc ses avantages et inconvénients spécifiques et qu'il faut mettre en balance avec les avantages et inconvénients des autres sources d'énergie.

Notre monde, aujourd'hui, a besoin d'énormes quantités d'énergie et ne peut pas se permettre de se désintéresser d'aucune source possible ; ce qu'il faut seulement discuter est le niveau relatif de chacune. C'est une décision difficile — et propre à chaque pays —, car elle fait intervenir de très nombreux aspects dont aucun ne peut être négligé : le degré de maîtrise technologique, les nuisances et les risques, l'adéquation aux besoins et les sujétions, les coûts, la sécurité des approvisionnements...

Les « technocrates » ont pu avoir la tentation de décider seuls — et l'ont parfois fait. C'est de moins en moins possible : « l'opinion publique » — les élus, les médias, chaque citoyen — se sent aujourd'hui fortement impliquée dans ces prises de décision, et cela est sain. Encore faut-il qu'elle soit informée et qu'elle puisse s'exprimer.

Si la science, c'est-à-dire l'aspiration à la connaissance, est légitime, les applications qui en sont faites ne sont pas neutres. Alfred Nobel (1833-1896) découvrit la dynamite : on l'a utilisée pour creuser des tunnels et détruire des villes. Les chercheurs du XXe siècle ont découvert le trésor enfoui au sein des noyaux et, malheureusement, les circonstances ont voulu que la première application en fut les bombes qui anéantirent deux grandes villes japonaises.

Ce « péché originel » est resté pendant longtemps attaché aux mots « atomique » ou « nucléaire » dans l'inconscient collectif : cela est-il totalement dépassé aujourd'hui ?

Il est vrai en tout cas que les spécialistes n'ont pas toujours su faire l'effort de communication nécessaire et leurs propos lénifiants ont souvent été mal perçus... Ils en sont maintenant davantage conscients et comprennent que leurs responsabilités ne sont pas uniquement techniques. Je souhaite que ce petit livre aille dans ce sens : en montrant que ces machines nommées « réacteurs nucléaires » ne sont pas si mystérieuses qu'on le croit, j'ai voulu discuter sans *a priori* leurs points forts et leurs points faibles.

Nul ne sait si les besoins en énergie de l'humanité continueront à s'accroître, quelles seront les sources qui les satisferont... la fusion peut-être, avec aussi son cortège d'avantages et d'inconvénients ! Dans cette longue histoire, la fission aura apporté sa contribution. Quel que soit son avenir, elle aura ainsi jalonné une étape dans l'évolution de la civilisation.

Mais son apport le plus marquant est peut-être de nous avoir appris à « gérer » le risque : le comprendre, le prévoir, le réduire et l'accepter. Parmi toutes les activités humaines, le développement de l'énergie nucléaire est l'une de celles où cette démarche est la plus méthodique.

# BIBLIOGRAPHIE

Adam J., *La fusion nucléaire, une source d'énergie pour l'avenir ?,* Belin, « Pour la Science », 1993.

Blanc D., *La physique nucléaire,* PUF, « Que sais-je ? », n° 2139, 1984.

Blanc D., *La sûreté de l'énergie électronucléaire,* PUF, « Que sais-je ? », n° 2032, 1991.

Debeir J.-C., Deléage J.-P., Hémery D., *Les servitudes de la puissance. Une histoire de l'énergie,* Flammarion, 1986.

Goldschmidt B., *Pionniers de l'atome,* Stock, 1987.

Leclerq L., *L'ère nucléaire,* Chêne/Hachette, 1986.

Lewiner C., *Les centrales nucléaires,* PUF, « Que sais-je ? », n° 1037, 1991.

Medvedev G., *La vérité sur Tchernobyl,* Albin Michel, 1990.

Nicolet J.-L., Carnino A., Wanner J.-C., *Catastrophes ? Non merci ! La prévention des risques technologiques et humains,* Masson, 1989.

Pac H., *Le droit de la défense nucléaire,* PUF, « Que sais-je ? », n° 2472, 1989.

Parker E., *La bombe à neurones. Désinformations en chaînes,* PUF, 1988.

Pharabod J.-P., Schapira J.-P., *Les jeux de l'atome et du hasard. Les grands accidents nucléaires,* Calmann-Lévy, 1988.

Radvanyi P., Bordny M., *Histoires d'atomes,* Belin, 1988.

Reeves H., *L'heure de s'enivrer,* Seuil, 1986.

Segré E., *Les physiciens modernes et leurs découvertes,* Fayard, 1984.

Teillac J., *Les déchets nucléaires,* PUF, « Que sais-je ? », n° 2385, 1988.

Tubiana M., Bertin M., *Radiobiologie-Radioprotection,* PUF, « Que sais-je ? », n° 2439, 1989.

Vendryes G., *Les surgénérateurs,* PUF, « Que sais-je ? », n° 2362, 1987.

Weart S., *La grande aventure des atomistes français,* Fayard, 1980.

# QUELQUES ADRESSES UTILES

Société française d'énergie nucléaire :
48, rue de la Procession, 75724 Paris Cedex 15.
Tél. : (1) 44 49 60 00.

EDF, Service de la communication :
2, rue Louis-Murat, 75384 Paris Cedex 08
Tél. : (1) 40 42 22 22.

CEA, Direction de la communication :
31, rue de la Fédération, 75752 Paris Cedex 15
Tél. : (1) 40 56 10 00

Musée de l'atome :
Bureau des Relations publiques, Centre d'études de Fontenay-aux-Roses, 60-68, avenue du Général-Leclerc, BP 6, 92265 Fontenay-aux-Roses Cedex.
Tél. : (1) 46 54 76 05.

Centre de documentation sur la sécurité nucléaire :
IPSN/CDSN, Centre d'études de Fontenay-aux-Roses, 60-68, avenue du Général-Leclerc, BP 6, 92265 Fontenay-aux-Roses Cedex.
Tél. : (1) 46 54 80 07.

Des informations sur ce qui se passe dans les installations nucléaires peuvent être obtenues par Minitel : 36 14 code *MAGNUC*.

FRAMATOME, Service de la communication :
Tour Fiat, 1, place de la Coupole, 92084 Paris-la-Défense Cedex.
Tél. : (1) 47 96 14 14.

COGEMA, Direction de la communication :
2, rue Paul-Dautier, 78141 Vélizy-Villacoublay Cedex.
Tél. : (1) 39 46 96 41.

# INDEX

n° de page +1

Absorption de neutron : 46
Accidents (prévention des ) : 109.
Activité (radioactive) : 67.
Adaptation aux besoins : 104.
Agence internationale de l'énergie atomique : 115.
Agence pour la gestion des déchets : 92.
AIEA : 115.
Alamogordo : 9, 50, 75.
Alpha (radioactivité ) : 61.
Alternateur : 18.
Analyse de sûreté : 108.
ANDRA : 92.
Arbre : 17.
Arme nucléaire (voir aussi bombe) : 74, 114.
Assemblage de combustible : 14, 16.
Atome : 23.
Aube : 17.
Autonomie : 107.

Bar : 14.
Barre de commande : 48.
Becquerel : 67.
Becquerel Henri : 73.
Béryllium : 72.
Bêta (radioactivité —) : 61.
Biomasse : 11.
Bois : 11.
Bombe à hydrogène : 40.
Bombe atomique : 39.
Boucle : 17.

Calcul (code de —) : 56.
Caloporteur : 16, 48.
Capture de neutron : 46.
Capture électronique : 62.
CEA : 75.
Cellule d'un réacteur : 53.
Centrale nucléaire : 13.
Chadwick James : 73.
Chaîne radioactive : 62.
Chaîne (réaction en —) : 42, 45, 76.
Chaleur : 5, 7, 31.
Charbon : 8.
Château de transport : 91.
Chaudière nucléaire : 14.
Cheminement des neutrons : 47.
Chicago (pile de —) : 50, 75.
Chimie : 24.
Chimique (énergie —) : 5, 37.
Chimique (liaison —) : 32.
Circuit primaire : 17.
Circuit secondaire : 17.
Code de calcul : 56.
Cœur nucléaire : 14.
COGEMA : 86.
Combustible irradié : 81, 90.
Combustible nucléaire : 15.
Combustible (cycle du —) : 86.
Combustion chimique : 37.
Combustion de l'uranium : 43.
Combustion nucléaire : 13, 37.
Commande (barre de —) : 48.
Commande (salle de —) : 19.
Commissariat à l'énergie atomique : 75.
Concentration du minerai d'uranium : 88.
Condenseur : 17.
Condition critique : 49.
Conditionnement des déchets : 92.
Conducteur : 32.
Contamination : 65.
Conversion : 80.
Courant électrique : 32.
Coût : 112.
Couverture : 83.
Crayon de combustible : 15.

Critique (condition —) : 49.
Cuve : 14, 64.
Cycle du combustible : 86.

Datation : 70.
De Gaulle Charles : 75.
Déchets radioactifs : 92, 101.
Décroissance radioactive : 59.
Démocrite : 22.
Dépendance énergétique : 113.
Désactivation : 90.
Désintégration radioactive : 57.
Détection des rayonnements : 65.
Déterministe (effet —) : 68.
Deutérium : 9, 40.
Diffusion de neutron : 47.
Diffusion gazeuse : 89.
Direction de la sûreté des installations nucléaires : 111.
Divergence (d'une réaction en chaîne) : 42.
Doppler (effet —) : 108.
Dose (de rayonnements) : 67.
Dosimètre : 65.
DSIN : 111.

Eau ordinaire et eau lourde : 52.
Echangeur de chaleur : 17.
Effet des rayonnements : 66.
Effet Doppler : 108.
Effluents radioactifs : 100.
Einstein Albert : 32, 74.
Electricité : 5, 32.
Electricité de France : 14, 111.
Electrique (courant ) : 32.
Electron : 26.
Elément chimique : 24, 28.
Energie : 4.
Energie chimique : 5, 37.
Energie cinétique : 5.
Energie de liaison : 35.
Energie libre : 5.
Energie nucléaire : 6, 8, 37.
Energie potentielle : 5.
Energie solaire : 10.
Energie stockée : 5.
Energie (libération de l' —) : 35.
Energie (pertes d' —) : 6.
Energie (sources d' —) : 7.
Enrichissement : 89.
Environnement (dommages à l' —) : 102.
Eolienne (énergie —) : 10.
Equilibre (d'une réaction en chaîne) : 45.
Etoile : 39.
EURODIF : 89.
Expertise nucléaire : 111.
Extraction de l'uranium : 88.

Fermi Enrico : 13, 50, 74.
Filière de réacteurs : 54, 76.
Fission nucléaire : 9, 38, 43, 76.
Force : 34.
Force électrique : 26.
Force nucléaire : 26.
FRAMATOME : 77.
Frittage : 99.
Fusion nucléaire : 38, 39.

Gabon : 75.
Gaine : 64, 89.
Gamma (radioactivité —) : 63.
Gaz : 31.
Gaz naturel : 8.
Geiger (compteur —) : 65.
Générateur de vapeur : 17.
Genève (conférence de —) : 75.
Géothermie : 10.
Gradient thermique de mers : 10.
Graphite : 52.
Gray : 68.
Grille : 89.

Hahn Otto : 74.
Halban Hans : 74.
Hanford : 50, 75.
Hélium : 40, 61.
Hexafluorure d'uranium : 89.
Hiroshima : 9, 49, 74.
Hydroélectricité : 10.
Hydrogène : 7, 23, 40.

Ignition : 41.
Installation nucléaire de base : 111.
Institut de protection et de sûreté nucléaire : 111.
Ion : 64.
Ionisant (rayonnement —) : 64.
IPSN : 111.

Irradiation : 65.
Irradié (combustible —) : 81, 90.
Isolant : 32.
Isotope : 29.

Joliot Frédéric : 73, 74, 75.

Kowarski Lew : 74.

Laser (séparation isotopique par —) : 89.
Liaison chimique : 32.
Liaison (énergie de —) : 35.
Libération de l'énergie : 35.
Liquide : 31.
Lithium : 41.
Loi de la radioactivité : 58.
Lumière : 32.

Manhattan (programme —) : 49, 74.
Marées : 10.
Matière : 4.
Maxwell James Clerk : 32.
Meitner Lise : 74.
Mendeleïev (table de —) : 25.
Modélisation : 56.
Modérateur : 52.
Molécule : 23.

Nagasaki : 9, 50, 75.
Neutron : 26.
Neutron rapide : 54.
Neutron thermique : 51.
Neutron (découverte du —) : 73.
Neutrons (source de —) : 45, 71.
Nobel Alfred : 117.
Noyau : 27.
Nucléon : 26.

Oklo (réacteurs d' —) : 75.
Onde : 32.
Ordinateur : 55.
Oxyde d'uranium : 89.
Oxygène : 23.

Parc électro-nucléaire : 78.
Particule : 26.
Pastille : 15, 89.
Période radioactive : 59.
Perrin Francis : 74.
Pertes d'énergie : 6.
Pétrole : 8.
Photon : 32.
Pile atomique : 50, 75.
Pilotage : 19, 103.
Piscine de désactivation : 90.
Plasma : 32.
Plutonium : 49, 80, 115.
Plutonium (composition isotopique du —) : 96.
Plutonium (recyclage du —) : 82, 96.
Pollution thermique : 99.
Pompe : 17, 18.
Positon (ou positron) : 62.
Potentielle (énergie —) : 5.
Pressuriseur : 18.
Prévention des accidents : 109.
Programmation : 56.
Prolifération (risque de —) : 114.
Proton : 26.
Puissance résiduelle : 108.

Qualification : 56.

Radioactif (noyau —) : 31, 57.
Radioactifs (déchets —) : 92, 101.
Radioactivité : 9, 57.
Radioactivité artificielle : 73.
Radioactivité (types de —) : 61.
Radionucléide : 57.
Radioprotection : 64, 112.
Radon : 66.
Ralentissement des neutrons : 50.
Ramsès II : 71.
Rapide (neutron —) : 54.
Rayonnement : 5, 32.
Rayonnement cosmique : 66.
Rayonnement ionisant : 64.
Rayonnement naturel : 66.
Rayonnement radioactif : 57.
Rayonnements (détection des —) : 65.
Rayonnements (pouvoir destructeur des —) : 71.
Réacteur à eau sous pression : 14.
Réacteur à neutrons rapides : 54.
Réacteur à neutrons thermiques : 52.
Réacteur naval : 105.
Réacteur nucléaire : 13.

Réacteur spatial : 105.
Réacteur surgénérateur : 82.
Réacteurs d'Oklo : 75.
Réaction en chaîne : 42, 45, 76.
Recyclage du plutonium : 82, 96.
Réduction des conséquences d'un accident : 109.
REP : 14.
Résiduelle (puissance —) : 108.
Responsabilité nucléaire : 111.
Ressources d'uranium : 88.
Retraitement : 81, 92.
Re-positionnement : 91.
Risques : 102.
Roosevelt Franklin : 74.

Salle de commande : 19.
Scintigraphie : 70.
SCPRI : 112.
Seaborg Glenn : 75.
Séparation isotopique : 49, 89.
Service central de protection : 112.
Sievert : 68.
Solaire (énergie —) : 10.
Solide : 31.
Source d'énergie radioactive : 71.
Source de neutrons : 45, 71.
Sources d'énergie : 7.
Sous-produits de l'énergie nucléaire : 98.
Stochastique (effet —) : 68.
Stockage : 92, 93.
Strassmann Fritz : 74.
Sujétions industrielles : 106.
Sûreté (analyses de —) : 108.
Surgénérateur : 82.
Szilard Léo : 74.

Tchernobyl : 77, 110.
Thermique (neutron —) : 51.
Thorium : 8, 84.
Three Mile Island : 110.
Tore : 41.
Tour de refroidissement : 17, 99.
Traceur : 70.
Traité de non-prolifération : 115.
Tranche nucléaire : 14.
Travail d'une force : 34.
Tritium : 40.
Tube guide : 16.
Turbine : 17.
Types de radioactivité : 61.

Uranium : 8, 29.
Uranium 233 : 84.
Uranium 235 : 44.

Vagues : 10.
Vent : 10.
Verne Jules : 107.
Vitrification : 93.

Westinghouse : 77.
Wigner Eugène : 74.

Zircaloy : 15.
Zirconium : 15.
Zoé : 75.

# TABLE DES MATIÈRES


Avant-propos 3

Chapitre I — **L'énergie** 5

Chapitre II — **Dans une centrale nucléaire** 14

Chapitre III — **Au monde des atomes** 23

Chapitre IV — **Comment libérer l'énergie stockée** 35

Chapitre V — **La combustion de l'uranium** 43

Chapitre VI — **La radioactivité et les rayonnements** 58

Chapitre VII — **Le développement des réacteurs nucléaires** 74

Chapitre VIII — **Le cycle du combustible nucléaire** 87

Chapitre IX — **Atouts et risques de l'énergie nucléaire** 99

Bibliographie 119

Quelques adresses utiles 121

Index 123

Imprimé en France
Imprimerie des Presses Universitaires de France
73, avenue Ronsard, 41100 Vendôme
Mars 1994 — N° 40 019